U0379610

丛书主编/陈　龙　杜志红

数字媒体艺术丛书

数字交互媒介设计

程　粟/著

Design of Digital Interactive Media

苏州大学出版社
Soochow University Press

图书在版编目(CIP)数据

数字交互媒介设计 / 程粟著. — 苏州 : 苏州大学出版社, 2021.10
(数字媒体艺术丛书 / 陈龙,杜志红主编)
ISBN 978-7-5672-3699-8

Ⅰ. ①数… Ⅱ. ①程… Ⅲ. ①数字技术-多媒体-设计 Ⅳ. ①TP37

中国版本图书馆 CIP 数据核字(2021)第 199694 号

书　　名: **数字交互媒介设计**
SHUZI JIAOHU MEIJIE SHEJI

著　　者: 程　粟
责任编辑: 周凯婷
装帧设计: 吴　钰

出版发行: 苏州大学出版社(Soochow University Press)
社　　址: 苏州市十梓街 1 号　邮编: 215006
网　　址: www.sudapress.com
邮　　箱: sdcbs@ suda.edu.cn
印　　装: 苏州市越洋印刷有限公司
邮购热线: 0512-67480030　**销售热线:** 0512-67481020
网店地址: https://szdxcbs.tmall.com/(天猫旗舰店)

开　　本: 787 mm×960 mm　1/16　**印张:** 12.75　**字数:** 202 千
版　　次: 2021 年 10 月第 1 版
印　　次: 2021 年 10 月第 1 次印刷
书　　号: ISBN 978-7-5672-3699-8
定　　价: 45.00 元

General preface｜总序

人类社会实践产生经验与认知，对经验和认知的系统化反思产生新的知识。实践无休无止，则知识更新也应与时俱进。

自4G传输技术应用以来，视频的网络化传播取得了突破性进展，媒介融合及文化和社会的媒介化程度进一步加深，融媒体传播、短视频传播、网络视频直播，以及各种新影像技术的使用，让网络视听传播和数字媒体艺术的实践在影像领域得到极大拓展。与此同时，融媒体中心建设、电商直播带货、短视频购物等相关社会实践也亟需理论的指导，而相关的培训均缺乏系统化、高质量的教材。怎样认识这些传播现象和艺术现象？如何把握这纷繁复杂的数字媒体世界？如何以科学的系统化知识来指导实践？理论认知和实践指导的双重需求，都需要传媒学术研究予以积极的回应。

本套丛书的作者敏锐地捕捉到这种变化带来的挑战，认为只有投入系统的研究，才能革新原有的知识体系，提升教学和课程的前沿性与先进性，从而适应新形势下传媒人才培养的战略要求。

托马斯·库恩（Thomas Kuhn）在探讨科学技术的革命时使用“范式”概念来描述科技变化的模式或结构的演进，以及关于变革的认知方式的转变。他认为，每一次科学革命，其本质就是一次较大的新旧范式的转换。他把一个范式的形成要素总结为

“符号概括、模型和范例”。范式能够用来指导实践、发现谜题和危机、解决新的问题。在这个意义上，范式一改变，这世界本身也随之改变了。传播领域和媒体艺术领域的数字革命，带来了新的变化、范例和模型，促使我们改变对这些变革的认知模式，形成新的共识和观念，进行系统化、体系化的符号概括。在编写这套丛书时，各位作者致力于以新的观念来研究新的问题，努力描绘技术变革和传播艺术嬗变的逻辑与脉络，形成新的认知方式和符号概括。

为此，本套丛书力图呈现以下特点：

理论视角新。力求跳出传统影视和媒介传播的“再现”“表征”等认知范式，以新的理论范式来思考网络直播、短视频等新型数字媒体的艺术特质，尽力做到道他人之所未道，言他人之所未言。

紧密贴合实践。以考察新型数字媒体的传播实践和创作实践为研究出发点，从实践中进行分析，从实践中提炼观点。

各有侧重，又互相呼应。从各个角度展开，有的侧重学理性探讨，有的侧重实战性指导，有的侧重综合性概述，有的侧重类型化细分，有的侧重技术性操作，理论与实践相结合的特色突出。

当然，由于丛书作者学识和才华的局限，加之时间仓促，丛书的实际成效或许与上述目标尚有一定距离。但是取乎其上，才能得乎其中。有高远的目标，才能明确努力的方向。希望通过将这种努力呈现，以就教于方家。

对于这套丛书的编写，苏州大学传媒学院给予了莫大的鼓励和支持，苏州大学出版社也提供了很多指导与帮助，特别是编辑们为此付出了极多。谨在此表示衷心的感谢！

“数字媒体艺术丛书”编委会

Foreword 前言

随着媒介传播环境的改变及受众对信息呈现形式要求的提升，内容信息“设计”之后再传播才能获得更好的传播效果。事实上对信息进行设计由来已久，只不过进入数字时代，各种新技术赋予了设计更多的可能性，使信息传播的设计表现形式更加丰富多样。其中具有数字交互体验的形式尤其受用户喜爱，因为数字交互功能赋予了用户参与叙事的权力，并且新技术背景下的交互类型多种多样，从移动端的指尖互动到线下互动媒体的肢体参与，从视觉到听觉再到触觉感知，为用户带来了全新的体验，使得信息的传播效果与价值得到极大提升。数字交互媒介成为信息传播设计的重要载体。

目前各大院校中的数字交互媒介设计的课程教学大多集中于艺术院校的数字媒体专业，而艺术类院校主要围绕数字媒介进行艺术创作，偏重于艺术审美与观念表达。在新媒体传播领域，媒介技术重塑了传播环境。在传播学理论基础上，从技术制作和操作执行层面去讨论数字交互媒介在信息传播中的应用逐渐成为传播学科的重要议题。因媒介技术发展迅速及各种交互技术迭代更新快等各种原因，基于数字交互媒介的传播设计作为一门学科目前在课程体系中还不成熟，因此，出版相关教材对于学科发展来讲具有一定的意义。

笔者在翻阅很多相关教材后发现，关于数字交互媒介设计的大部分教材在内容上呈现滞后过时的特点，比如涉及视觉设计范畴的内容仍然在重复传统纸质媒介的平面设计理论，与数字媒介并无多大关系，跟不上日新月异的媒介技术发展步伐。而有的教材又过于偏重传播学理论，缺乏设计层面尤其是技术执行层面的指导。因此，本教材尝试结合传播学、设计学及制作技术三个方面的内容为数字交互媒介设计提供契合当下媒介环境的教学指导。

本教材分为三个板块。第一章的数字交互媒介设计概述从学科的特点出发讨论数字交互媒介的类型特征、人与媒介的交互行为。本章偏重于传播学理论分析。第二章和第三章讨论基于数字交互媒介的设计方法论，具有指导性意义。这两章从设计语言到内容策划围绕数字交互媒介的视觉表征、视觉要素、主题内容策划、用户体验等多个层面对数字交互媒介设计提出指导性和原理性的方法，其中最为重要的是所涉及内容紧跟媒介技术的发展，避免重复讲述陈旧的套话、空话。第四章和第五章则是具体设计制作技术板块。第四章重点讲解了手机移动媒介端的设计制作，以基于H5的移动页面为技术重点，结合案例介绍常用的手机端交互技术的应用。第五章以虚拟展示为主题讲解了移动网页 VR 全景虚拟展示技术和虚幻引擎的实时可视化虚拟展示技术。

由于笔者水平有限，且数字交互媒介技术发展快，技术性强，涉及面广，本教材在很多方面难免存在不足，望相关专家及读者给予批评、指导。

第一章

数字交互媒介设计概述

数字交互媒介设计是关于信息传达的设计，审美、实用等其他设计学科中非常重要的因素只是其中的一部分内容，这是与其他设计学科最大的区别所在。数字交互媒介设计中，除了审美层面的视听设计外，还包括主题内容的叙事、交互的形式、程序的设计、媒介的类型、用户的心理等多方面的因素。所以数字交互媒介设计是一门跨学科的设计。在整个设计体系中，我们需要从数字交互媒介类型特征、人-机交互方式、设计表现形式多个层面出发，最终将设计的目的落在信息传达上。

第一节　数字交互媒介设计内涵

单从设计学的视角分析，数字交互媒介设计主要体现为设计师以交互媒介为载体设计作品与用户进行互动，实现信息交流与传播的目的。但数字交互媒介设计显然不同于一般的艺术设计门类，因为它不仅包含了设计学的内容，而且涵盖了计算机科学、计算机图形学、移动互联网技术、传播学等领域，同时数字交互媒介设计在内容上不仅包括视觉传达设计，还涉及程序、界面、信息等方面的设计，因此，数字交互媒介设计是一门综合性的、跨领域的学科。

一、跨学科的信息传播设计

（一）数字交互媒介设计的核心

当今社会生活中的各个领域无不体现出设计的痕迹与价值。从日常生活的角度来看，设计的目的与价值主要体现在作品及产品的审美和使用功能上。但如果从更广义的视角来看，设计总是具有信息传播的内涵，好的设计一定会向用户传达某种信息（图 1-1、图 1-2）。所以我们只要谈到设计或在设计实践时，就应自然地意识到它内在规定着传播的因素，并且需要考虑如何把“传播”的原理以最佳的方式和途径用到设计文化的流动过

图 1-1　耶路撒冷瓦勒罗广场的互动装置《盛开的花朵》①
HQ Architects 事务所作品

图 1-2　台北士林街区互动装置《桥墩光廊》②
策划执行：city yeast　设计：AGUA Design

① 图片来源于 aas architecture 网站. 9 米高的巨型花朵可随着人流量、光线及声音的变化盛开或者关闭，完美诠释了公共艺术如何实现审美性与功能性的统一.

② 图片来源于 city yeast（都市酵母）网站. 作品由 1000 根 180 厘米高的彩色气柱组成，绵延于 200 米长的桥墩长廊中，靠近气柱可倾听老街的历史与街区日常声音.

程中，使具体的设计文化传播的效果和价值发挥到最佳或极致。① 这种设计中的传播特性在数字交互媒介设计中尤为突出。常见的应用领域包括品牌传播、出版、公益传播、非遗文化、公共艺术等。

数字交互媒介设计的核心是基于互动体验的信息传播，主要体现在设计目的与媒介技术两个层面。

1. 信息传播是核心目的

在交互的三个层级中，信息的交流沟通是用户与系统之间交互的核心目的。数字交互媒介设计的出发点即信息传播。大多数的数字交互媒介设计不是为用户提供审美体验和功能使用体验，而是通过交互行为向用户传达某种信息。

2. 媒介技术带来互动体验

媒介技术包含两个层面：一个是设计制作技术层面；另一个是新媒体传播技术层面。其一，数字交互媒介设计不再限于平面视觉传达设计制作或者影视拍摄制作这类传统技术。新的媒介技术层出不穷，这对设计者提出了更高要求。数字化时代的各类新技术具有很强的交互性特征，使用户在接受信息时具有很好的互动体验。比如，将增强现实（Augmented Reality，简称 AR）技术运用在产品包装设计上，让消费者通过手机扫码获得新奇的互动体验，品牌方则是在互动过程中更有效地向消费者传达产品信息和品牌理念，或者向消费者表达一种主张或情感。

其二，在新媒体传播技术层面，新媒体传播技术使受众改变了在纸媒、电视媒体等传统媒体中的被动接收者地位，受众在娱乐化、充满沉浸感的互动过程中参与了信息的构建、接收与传播，成为整个信息传播体系中的一个部分，极大增强了信息传播效果。因此，数字交互媒介设计是一门基于互动体验的信息传播设计学科。比如，宜家设计了一款增强现实 App：IKEA Place（图 1-3）。这款应用能够借助摄像头帮用户测试各种宜家家具在自己家里的效果。用户打开 App，拍摄一张家中客厅照片即可将

---

① 梁玖．传播设计与设计传播［J］．设计艺术，2002（4）：18-19.

图 1-3 IKEA Place AR App①

宜家的家具载入照片实时观看效果。IKEA Place App 利用 AR 技术实现了即时、在场的跨时空家具陈设体验，既满足了消费者挑选产品的实际需求，还给用户带来新奇娱乐的沉浸式体验。

（二）数字交互媒介设计的学科特点

数字交互媒介设计涉及多个领域。作品的设计制作需要多门学科的支撑，甚至设计人员也需要由多种行业人员组成设计团队。数字交互媒介设计的跨学科特点主要源自作品呈现形态的多样性与作品制作所需技术与材料的复杂性。

1. 前沿性

学科的前沿性体现在媒介技术的不断更新与发展上。各种技术迭代很快。数字交互媒介设计是紧跟技术发展的学科，需要始终与新技术保持同步，否则无法跟上技术发展的步伐。这对学科发展提出很大挑战。

数字交互媒介设计需要多种技术支撑，比如程序编程、人工智能（Artificial Intelligence，简称 AI）算法、虚拟现实技术等，在材料与设备（比如拍摄设备、感应器设备、投幕成像设备等）上也比较前沿。另外，在材料上有很多新技术在运用，比如曲面 LED（Light-Emitting Diode，简称 LED，发光二极管）、透明 LED，纱幕、水幕的投影运用等。所以数字交互媒介设计是一门前沿性学科。

2. 跨学科性

首先，数字交互媒介设计最终呈现出来的形态丰富多样，从视听角度来看，既有传统的视觉传达平面设计和影像视频，也有更多计算机生成的

① 图片来源于 IKEA Place AR App. IKEA Place 这款 App 能够借助摄像头帮用户测试各种宜家家具在自己家里的效果.

数字图像，那么在学科上就需要结合传统视觉传达设计、影视、数字媒体等专业。除了视觉艺术这个领域之外，数字交互媒介设计还涉及大量计算机专业技能，比如编程技术、移动互联网技术等。一件好的数字交互媒介设计作品是一件跨界、综合性的作品，需要多种行业人员参与设计制作才能完成。

因此，数字交互媒介设计是一门涉及多领域的跨专业学科。

二、数字交互媒介设计的范畴

数字交互媒介设计是一门综合性的、跨领域的学科，因此，设计的范畴比其他设计门类更广，具体包括三个层面：交互内容设计、交互形式设计、交互程序设计。

（一）交互内容设计

交互内容设计主要是指信息设计。在信息时代，人们依赖各种媒介满足个体的信息需求。信息传播是数字交互媒介设计的核心，所以设计关注的重心必然是信息。如何实现更有效的信息沟通与传递是交互内容设计的重点。从设计流程的角度来看，交互内容的设计包括对理解与分析信息内容、思考表达信息内容的创意手段、策划信息内容的叙事方式、选择适合表达相关信息内容的交互媒介、设计交互程序、设计信息内容的呈现形态等几个方面。

（二）交互形式设计

交互形式设计主要围绕界面、图形、影像、材料、空间等多种层面展开，具体可以分为物质呈现形式与内容呈现形式。

1. 物质呈现形式

物质呈现形式主要体现在材料设备、空间环境方面。数字交互媒介设计需要为信息内容选择适合的交互媒介。除去常见的手机移动媒介外，线下场景交互媒介设计形式多样。实物型和沉浸型的媒介需要考虑空间环境的设计、灯光投影的设计、材料的选择。总体来说，物质呈现形式的选择与设计需要和内容匹配，不能流于形式，因为用户与媒介互动的最终目的是信息内容。

2. 内容呈现形式

内容呈现形式包括视觉系统、听觉系统及身体感知系统。视觉系统指内容呈现形式中的平面视觉传达设计部分和动态影像部分，比如平面视觉传达设计部分中的图形、文字、色彩、图标、按钮、版式的设计，动态影像部分中的视频、动画、动态图像。

听觉系统包括人声、自然中的声音、音效和音乐的设计。人声常用于语音识别及人声模拟；自然中的声音包括自然中气象的声音、动植物的声音等；音效常用于交互过程中的指令音，有时自然中的声音被用于音效声中，比如将鸟鸣或流水声作为提示音，而更多的音效声采用的是电子抽象声音。

身体感知系统主要针对线下场景交互的内容呈现方式。大多数以体感交互为代表的线下交互媒介需要用户的身体参与，其信息内容才能呈现出来。身体感知系统设计需要讨论和分析在交互系统中设计什么样的身体行为感知最适合信息内容的传播。比如有的作品通过触碰引发图像或音效的呈现，有的则通过对整个身体的动态捕捉实现交互。

随着新技术的发展和用户体验需求的提升，传统的设计语言和材料技法已难以适应移动时代的需求。从静态图像到动态影像、从单纯的视觉观看到全感官的审美体验、从单一平台到多场景体验成为数字交互媒介设计的新方向。

（三）交互程序设计

舒尔茨认为，所谓交互新媒体都是用抑制用户交互性的方法部署的，提出交互的焦点在于媒介如何以特定的形式组织建构传播，而并非用户与新媒介设备本身之间的互动。① 从舒尔茨的这一观点我们可以看到交互程序设计在交互系统中的重要性。

交互程序设计即设计交互系统的组织构建和人机交互方式。在交互程

---

① 尼古拉斯·盖恩，戴维·比尔．新媒介：关键概念［M］．刘君，周竞男，译．上海：复旦大学出版社，2015：90.

序设计中最主要的是计算机编程。随着各类技术平台的发展，设计师可以通过平台解决编程困难的问题，比如常见的 H5 制作平台、Arduino 开源电子原型平台（图 1-4）、Processing 开源编程语言（图 1-5）等。

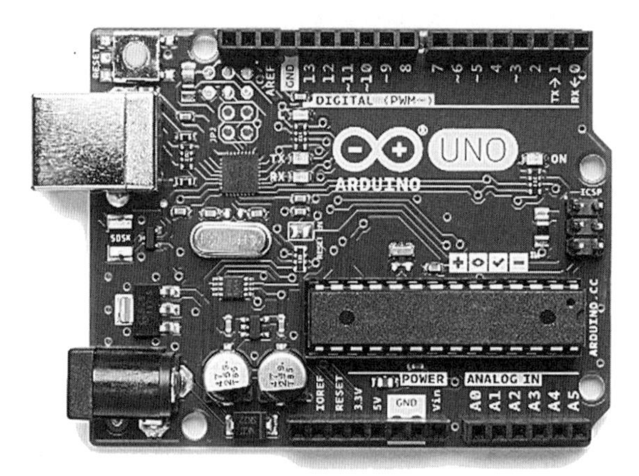

图 1-4　Arduino 主板①

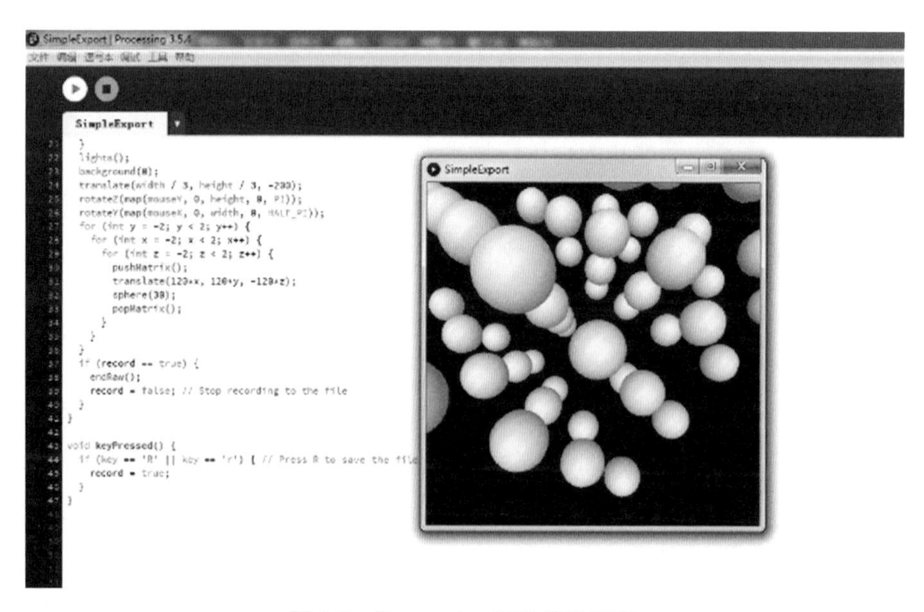

图 1-5　Processing 开源编程语言

---

① 图片来源于 https://baike.baidu.com/item/Arduino/9362389.

第二节　数字交互媒介的类型与特征

媒介（Media）也称为媒体。在传播学领域，媒介通常指信息传播、处理与存储的载体或工具，数字媒介（Digital Media）则说明这种传播、处理与存储信息的载体是基于计算机数字技术设计而成的，从广义上看，凡是经过数字处理生产而成的媒介都可以纳入数字媒介范畴。进入移动互联网时代，大家所谈的“数字媒介”更多地指向了以计算机技术、移动互联网、人工智能、感应器等技术为支撑的移动设备、智能设备。

一、数字交互媒介内涵

数字交互媒介（Digital Interactive Media）是在新的传播技术、计算机交互技术及各种新材料技术、新表现技术发展的基础上形成的媒介形式。从技术层面来分析的话，数字交互媒介主要是通过传感器（感光传感器、音量传感器、压力传感器、湿度传感器、温度传感器、距离传感器、超声波传感器、倾斜传感器等）捕获外界物理信号，根据接口（USB、串口、火线接口、蓝牙、红外、射频等），通过一定的传输协议转化为计算机可以理解的数字或模拟信号，再通过特定的程序编译处理，将捕获的信号结合其他综合素材，通过显示器或其他物理界面呈现给外界，经过信号的输入—处理—输出这一流程，实现人与媒介的交互。① 随着技术的发展，信息的传播已经不再满足于在一个固定时间段来呈现一个完整信息，更重要的是在叙事过程中的用户参与性和用户与媒介的双向互动和反应。数字交互媒介以程序与界面为中介，将单向性的信息接收转换成用户—媒介—信息的多重互动。

从信息呈现或叙事方式来看，我们可以将数字媒介端的信息分为静态信息和动态信息。静态信息通常体现为信息的可视化层面，通过视觉要素

---

① 潘晋．交互媒体在展览展示中的应用［J］．科技风，2009（23）：226.

的设计表现信息的静态形式，比如图像、文本等静态视觉元素构成的信息。动态信息则以时间为基础，强调信息叙事的过程性和演进性，比如视频影像、游戏等构成的信息。

从用户接收信息的方式来看，数字媒介可分为单向传播媒介和数字交互媒介。如果在传播上文所讨论的静态、动态的信息过程中用户是以被动接受信息的身份参与的，那么这种传播媒介可以被认为是传统印刷媒介或者电子媒介在互联网平台终端上的数字化迁移，属于单向传播媒介。

从人与系统的互动方式来看，交互界面既可以是屏幕、麦克风，也可以是一个装置，甚至可以是一面互动墙体，所以我们似乎难以对数字交互媒介进行分类。但数字交互媒介直接和用户发生联系的载体是交互的界面，而用户界面（user interface）是交互双方之间的中介桥梁，是数字交互媒介的一个重要部分，因此，我们可以根据界面的形态介质和设计技术来将目前常见的数字交互媒介分为传统计算机网络交互媒介、移动交互媒介、可穿戴设备交互媒介、线下场景交互媒介四个大类。

二、传统计算机网络交互媒介

传统计算机网络交互主要依托 Web 2. 0 技术的发展而形成，从严格意义上来说，Web 2. 0 不是指具体的一种技术，而是一个相对于 Web 1. 0 而言的新的互联网应用统称。在 Web 1. 0 时代，Web 只是一个浏览阅读信息的平台，属于单向传播媒介，用户只能通过浏览器在互联网上获取信息。Web 1. 0 到 Web 2. 0 的转变，从模式上看，是单纯的“读”向“写”、“共同建设”发展；从基本构成单元上看，是由“网页”向“发表/记录信息”发展；从工具上看，是由互联网浏览器向各类浏览器、RSS（Really Simple Syndication，简易信息聚合）阅读器等方面发展；从运行机制上看，是由“Client-Server”（服务器-客户机）向“Web Server”（网页服务器）转变；从作者上看，是由程序员等专业人士向普通用户发展。① 总的来说，Web 2. 0 实现了信息传播的个性化和信息交流的双向互动，特别是满足了

① 朱德利 . Web 2. 0 的技术特点和信息传播思想［J］. 现代情报，2005（12）：74-76.

用户的参与性和创造性需求，形成了一种去“中心化”的互联网。

Web 2.0的技术与应用实现了计算机网络端的用户与用户、用户与信息真正意义上的交互，比如早期的应用有BLOG（博客）、SNS（Social Network Service，社交网站或社交网）社会性网络、RSS站点摘要等。BLOG允许用户发布、维护及评论自己生产的内容；SNS可以让用户通过互联网认识“朋友的朋友”，无限扩张自己的网络社交范围；RSS能把网站所有数据转换成标准XML格式被其他站点直接调用，因此，RSS搭建了一个可以让信息迅速传播的平台，使每个用户成为信息的提供者。Web 2.0早期的应用使用户从信息的接收者转换成了信息的生产者，用户参与到了信息的构建与传播之中。天涯社区（图1-6）、QQ空间（图1-7）便是这类应用的代表。在传统计算机网络交互媒介中，用户与系统的交互行为主要依托网络Web页面来进行。为了实现更好的互动，网页的视觉设计与交互设计在传统计算机网络交互行为中尤为重要。

图1-6 天涯社区论坛①

图1-7 QQ空间②

三、移动交互媒介

移动媒介是以数字终端为载体，通过无线数字技术与移动数字处理技术运行各种平台软件及相关应用来传播和处理信息以满足流动群体需求的媒介。近年来，移动媒体设备发展迅猛，逐渐嵌入人们的日常生活，移动

① 图片来源于 https://baike.baidu.com/item/175677? fr=aladdin.
② 图片来源于 https://baike.baidu.com/item/QQ空间/146945?fr=aladdin.

交互媒介是能够借助移动通信网络进行接收、沟通、处理信息的终端。随着智能手机、移动互联网、物联网等技术的发展，我们可以看到各种媒介都逐渐被整合迁移到了一部智能手机中，手机已经不再只是电话工具了。从文本阅读、影像播放、社交活动、出行到办公等，似乎生活中的一切都可以在一部智能手机中完成，原本用户与各种其他设备系统的交互也都能迁移至智能手机中，比如智能家居、无人机飞行等操控。

以智能手机、平板电脑为代表的移动设备交互媒介（图 1-8）如此深刻地嵌入人的身体成为个体感官的延伸，从传播学特征角度来看，主要体现在手机与平板电脑这种移动媒介的便携和移动性、可定位性、强互动性、多媒体融合性等几个层面。

图 1-8　iPhone、iPad①

（一）便携和可移动性

移动媒介便于转移位置与随身携带的特点将用户从固定空间解放了出来。用户不再受到空间位置的制约，实现了跨时空的信息交流，所以便携和可移动性是移动媒介与传统计算机媒介的最大区别。为了满足用户对便携性的需求，从笔记本电脑到平板电脑再到智能手机，移动媒介越来越小，但功能越来越全，成为人们日常生活中不可或缺的工具。

（二）可定位性

可定位性使移动媒介具有了传播动态位置信息的服务属性。通过手机

① 图片来源于 https：//www.apple.com.cn/.

定位功能，移动媒介实现了网络位置信息的精准传播。这项服务引发了关于场景传播的价值讨论与应用，多种移动互联网应用产品也都基于定位技术开发并实现商业服务。

（三）强互动性

互动性首先体现在用户与信息、用户与用户之间的互动上。在移动媒介中，用户可以是内容的生产者，也可以是内容的传播者、接收者。这一特点使用户与信息、用户与用户之间的互动更加深入。互动性的另一方面体现在用户与媒介设备之间的交互上。智能手机在触屏感应、声音捕捉、位置捕捉、摄像功能等技术上越来越先进，用户与设备的交互体验也越来越好。

（四）多媒体融合性

移动媒介集编辑、拍摄、录音、发布等多种设备功能于一身，同时融网页、视频、文本、图片、声音、游戏等各种媒介内容于一体，成为一个多媒体集成平台。这体现了移动媒介的多媒体融合属性。

值得注意的是，作为一种交互媒介，尽管终端设备如手机、平板电脑的外观、性能、技术参数等方面是吸引用户的重要因素，最终抓住用户的仍是搭载在媒介上的移动互联网应用产品，比如各类社交媒体应用、App、手机游戏等。移动互联网产品应用与智能手机自身技术两者的结合发展，使智能手机逐步取代了其他移动媒介。

四、可穿戴设备交互媒介

可穿戴设备交互媒介是指可直接穿戴在身体上，由用户控制并能与用户进行交互的、可持续运行的设备。可穿戴设备是一种新型的人机交互媒介，对提升用户的环境感知，获取自身身体数据信息有很大帮助，但需要注意的是，用户需要的是数据结果对个体的指导和解决方案而不是数据本身。随着数据的准确性和对应服务的提升，可穿戴设备媒介为身体的数据化提供了物质基础，促使用户对设备的依赖性逐渐增强。作为物理自我与数字自我的中介，可穿戴设备媒介推进了用户的自我追踪和自我规训。

图 1-9 Apple Watch[②]

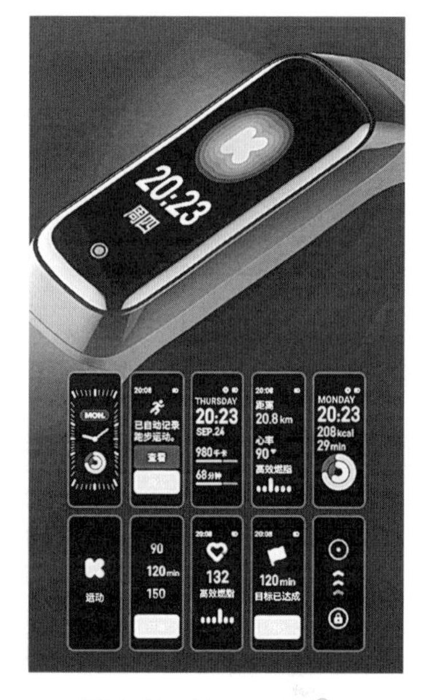

图 1-10 Keep 手环[③]

（一）可穿戴设备分类

可穿戴设备种类也较多，从感知并量化自身和外部信息的方式来看，可穿戴设备可分为自我量化类和体外量化类。[①] 自我量化可穿戴设备如智能手表、手环（图 1-9、图 1-10）常用于运动健身，用来监测环境、步数、心率等数据，通过与传感器连接，将用户自身身体信息进行量化，从而指导用户行为。这类可穿戴设备广泛应用于医疗健康和运动健身领域。目前有一些运动品牌已经在产品中置入可捕捉身体数据的设备，将日常生活用品与设备相结合，将技术、信息、身体、生活融合在一起。

体外量化可穿戴设备指利用设备增强用户感知外部信息能力，并协助用户处理信息的设备，常见的比如谷歌眼镜、微软 Hololens 眼镜（图 1-11）、虚拟现实头戴式显示设备（VR 眼镜）等。

图 1-11 Microsoft Hololens 2[④]

---

① 蒋小梅，张俊然，赵斌，等. 可穿戴式设备分类及其相关技术进展［J］. 生物医学工程学杂志，2016（1）：42-48.

② 图片来源于 https://www.apple.com.cn/.

③ 图片来源于 https://detail.tmall.com/item.htm? spm=a1z10.1-b-s.w5003-22759740788.9.358a7caeiBlp8g&id=627213315075&scene=taobao_shop

④ 图片来源于 https://www.microsoft.com/zh-cn/hololens/hardware.

（二）可穿戴设备主要技术特点

可穿戴设备使用的主要技术包括传感技术、无线通信技术、显示技术、大数据等。传感器是可穿戴设备的核心，可穿戴设备主要通过各种传感器来检测、感知、处理身体信息。无线通信技术主要有蓝牙传输、Wi-Fi传输、ZigBee（紫蜂）低速短距离传输等。显示屏幕是人机交互的界面，在可穿戴设备中显示屏不仅要外观漂亮，还需具有轻薄、透明的特性，因此，柔性显示技术和透明显示技术是可穿戴设备技术的研究热点。

五、线下场景交互媒介

线下场景交互媒介兴起于新媒体艺术中的互动装置艺术，之后盛行于展示设计领域，比如在博物馆、科技馆中常见的数字虚拟展示、互动投影等交互媒介。随着技术的成熟，目前线下场景交互媒介广泛运用于品牌商业展陈、公共文化展示、公共空间艺术展示、场馆展陈等领域。线下场景交互媒介是一种在具体空间场景中，以具体的空间和物体为交互界面，以计算机图形、编程、信息采集、处理与运算为技术支撑，以具有直接和连续的双向电子或通信系统的硬件设备为载体进行人机交互的媒介。

（一）线下场景交互媒介的类型

根据交互模式的不同，线下场景交互媒介可以分为实物界面交互媒介和沉浸式交互媒介两大类。

1. 实物界面交互媒介

实物界面交互媒介的人机交互模式表现为用户通过肢体动作、声音、触摸等方式与具体的实物界面如屏幕、地面、墙体进行互动，系统则通过感应技术捕捉用户的身体信息给予相应的反馈。交互行为强调观众通过直接“接触”产生互动的结果，形成直接的或即时的视听感知体验。实物界面交互媒介目前较为常见的有互动投影、互动屏等，体验者走进投影或者屏幕区域时，可以直接通过肢体动作与界面的虚拟场景进行交互，互动画面根据体验者的肢体动作会产生相应的变化。

澳大利亚 Eness 工作室与 DesignInc 建筑团队在墨尔本的一所儿童医

院设计了一组以墙体为界面的交互作品，墙内嵌有感应式的灯光，孩子们可以通过触碰墙面形成各种动植物的实时动画，并且图像还可以随着孩子们的奔跑实时变化，这个作品营造了一个童话世界，使孩子们不再抗拒医院的环境（图 1-12）。

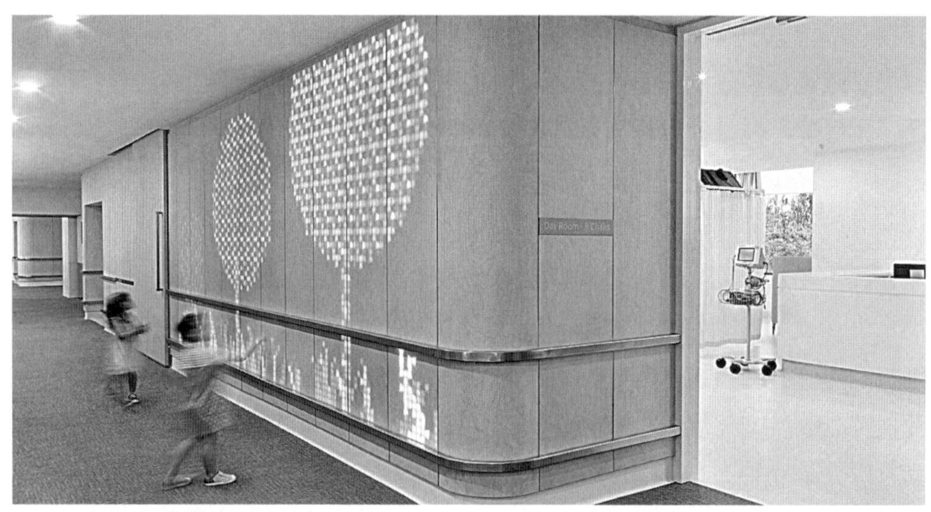

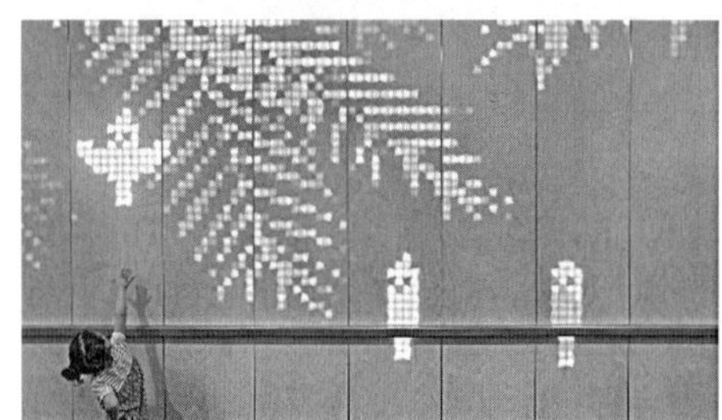

图 1-12　交互装置墙 *LUMES at Cabrini Hospital*①
澳大利亚 Eness **工作室** DesignInc **建筑团队作品**

2. 沉浸式交互媒介

沉浸式交互媒介在具有实物界面交互媒介的交互模式的同时更加强调场景空间给用户带来的沉浸体验感。这类媒介通常借助虚拟现实、计算机编程、机械数控装置、多重感官的参与等因素打造出沉浸环境，让观众无

① 图片来源于 https://www.eness.com/projects/cabrini. 该网址现已失效. 交互装置墙上的 LED 图像可以根据人的触碰形成各种动植物的实时动画，让孩子们不再抗拒医院的环境.

痕迹地穿梭在虚拟与现实之间，使观众全身心参与和浸入虚拟交互环境。这种媒介通常在一个相对封闭的空间与用户进行互动，在封闭黑暗的情境中通过屏幕、声光电、模拟大自然等方式为观众营造出一个类似“场”的体验空间。最具代表性的空间沉浸式交互作品创作团队当数日本的 TeamLab。TeamLab 的团队成员涵盖了程序员、CG 设计师、数学家、建筑师、交互设计师、平面设计师等。技术与艺术的融合是 TeamLab 的基本创作理念。其作品通过魔幻的光影、交互技术、影像等元素为观众带来极度的沉浸感。比如作品《无界的世界》（图 1-13）试图利用数字技术扩展人的空间感知，使艺术从物理的限制中解放出来，试图超越现实与知觉的边界。

图 1-13 《无界的世界》①
TeamLab 作品

（二）线下场景交互媒介的特点

线下场景交互媒介以其所具有的多技术性和强互动性，加上多重立体的全感官审美体验，使用户能迅速参与沉浸入媒介系统，甚至成为系统的一部分，因此，这类媒介能最大限度获得用户的喜好，在艺术创作领域和

① 图片来源于 https://art.team-lab.cn/ TeamLab. 该网址现已失效 . 作品试图利用数字技术扩展人的空间感知，使艺术从物理的限制中解放出来，并且超越边界.

商业运用领域得到快速发展。

1. 多种技术参与性

线下场景交互媒介涉及多个领域，是一个跨学科的媒介形式，其中包括设计、编程、材料、数字技术、感应器技术等，所以线下场景交互媒介是一个多种技术整合型的媒介，比如日本的 TeamLab 团队中就包含了艺术家、设计师、建筑师、程序员、网络工程师等。线下场景交互媒介正因为具有跨学科、多技术参与的特点，才能为用户带来深刻的体验，获得用户青睐。

2. 强互动性

多种技术的参与使线下场景交互媒介的互动形式丰富多样，如声音互动、影像互动、肢体动作的互动、人与设备的互动等。新技术使用户更能动地渗入、参与并重构媒介的叙事。在面对这类媒介时用户的身份从接收主体自觉转换成为媒介系统中的组成部分。

3. 全感官审美体验

线下场景交互媒介的界面形态整合了各种声、光、电、图像、视频、虚拟影像等内容，利用更普世化、通俗化的视听元素，强化内容的娱乐、狂欢、新奇、震撼等特征，使用户在精心预设的系统构架中形成多重的感官交互体验。同时用户除了通过视听感知与这些内容进行互动之外，更多的是通过身体器官参与互动。线下场景交互媒介正是利用身体感知、全感官参与来增强审美体验，从而实现生理与心理上的沉浸。

第三节　人与数字交互媒介的交互行为

数字交互媒介的重要技术特征即可以为用户提供交互形式，使人与媒介产生行为动作，在动作完成之后进而形成信息、审美及情感等层面的传递与体验。在不同的媒介类型和技术中，人-机的交互方式也不一样，同样，不同的交互方式所形成的交互体验的层级也不同。技术给我们多种选项。对于数字交互媒介设计来讲，选择适合信息内容的交互方式才是最重要的。

一、交互的基本概念

交互（Interaction）作为计算机领域用语是指主客体双方或者多方之间的信息交换及进而产生相应行为的活动。从广义的角度来看，只要使用产品就形成了信息交流和交互行为，比如收看节目、拨打电话、检票进站，甚至在家用烤箱烤面包都是一种交互行为。但是如果一方只有接收权而无法给出回应，那么这种行为只能称为信息的传递，还不能构成交互。因此，本书所讨论的交互首先是基于一种计算机系统，系统为用户提供可理解的交互方式；其次，用户与系统都能够根据双方的反馈做出反应。本节将围绕上述范围讨论交互的相关概念

美国交互设计师约书亚·诺布尔（Joshua Noble）以用户与系统的反馈、回应的复杂程度将交互模式分为导向式、反应式、调节式、管理式和人机对话，其中人机对话是最复杂的模式。① 在导向式交互中，系统提供了一系列简单的预设。用户可以选择需要接收的信息。在反应式交互中，用户可以向系统输入数据，同时系统能够根据数据给用户反馈。在调节式交互中，用户可以通过输入数据来调节和改变行为。在更为复杂的管理式交互中，用户与系统可以同时进行多项信息交流。而最为复杂的人机对话或许随着人工智能技术的发展将在未来实现。

在真正意义上的人机交互实现之前，我们可以认为目前的交互都是预设的有限交互，而用户与系统间的互动都是在不同复杂程度的预设范围内进行的。例如，在有限的编程内限制用户的使用、在有限的范围内实现交互、在菜单里选择或遵循预设定的路径进行交互，曼诺维奇认为这种交互缺少精神互动，与传统文本的交互相比，反而是一种倒退，他提出书本、电影这样的传统媒介比数字媒介形式具有更高的交互性，原因在于它们需要我们创造某种精神的交互。②

---

① 诺布尔．交互式程序设计［M］．2 版．毛顺兵，张婷婷，陈宇，等，译．北京：机械工业出版社，2014：6-8.

② 尼古拉斯·盖恩，戴维·比尔．新媒介：关键概念［M］．刘君，周竞男，译．上海：复旦大学出版社，2015：86.

二、交互行为的层级

根据用户与系统形成交互行为的目的与价值，我们可以将交互分为三个层级：信息交互、审美交互和情感交互。

（一）信息交互

从远古至今，信息传递伴随着人类发展的整个进程。无论是原始涂鸦还是现在的数字技术，都承载着信息。从某种意义上来说，人们从媒介上获取信息便形成了交互，因此，信息的交流与沟通是用户与系统之间交互的核心目的。随着计算机、移动互联网、新材料等技术的发展，信息的承载形态与方式日新月异，人们获取信息的方式也更加多样。以数字技术为例，从早期基于代码的桌面交互到现在的虚拟现实、增强现实等移动交互，各种形式层出不穷。交互媒介已经完全融入人们的日常生活，成为移动互联网时代信息设计与传播的重要载体。麦克卢汉提出的“媒介即讯息”的理论在当下得到证实，信息交互的载体成一种新的符号识别语言系统。通过更高级的技术与设计，信息的传达将更加人性化和科学。更优秀的交互设计将为人们提供更便捷的生活方式。

（二）审美交互

交互不仅指人与媒介之间的实质性互动，也是一种心理上的互动，是一种认知与审美方式。通常，交互设计的重心在于交互的程序系统。设计准确、有实效的程序系统以实现更具效率和价值的交互结果是传统交互设计的关键，但是随着交互技术向移动媒介平台迁移，交互技术与人的生活日趋紧密，人与技术、信息的关系越来越复杂多样，人的工作与日常生活及娱乐休闲等的界线也逐渐模糊，正如麦克卢汉所说，媒介成了人的延伸。因此，实现精准高效的信息传达不再是人们对交互技术的唯一要求，在交互过程中融入审美性，从视觉、听觉、触觉等多层面提升用户交互体验，将交互系统与生活环境紧密结合成了交互的第二个层级：审美交互。审美交互视角下的审美不是一个依附于功能和使用的附加值，而是超越原本的功能实用属性，使用户重新理解和体验交互，同时将交互的概念放在社会文化语境中进行讨论。因此，在审美交互这一层级中，围绕用户交互体验而展开的界面设计、内容设计、设备产品设计、交互方式设计等尤为重要。

（三）情感交互

在满足了实用与审美功能后，用户在交互过程中获得何种情感体验成为交互的核心价值。从信息到审美再到情感，情感交互已经成了人机交互的发展趋势。

从心理学的角度来讲，情感交互是一种以信息为媒介来融合设计者、产品与用户之间情感的设计方式。① 美国学者唐纳德·A. 诺曼（Donald Arthur Norman）在其著作《设计心理学3：情感化设计》中将情感化划分为本能层（visceral）、行为层（behavior）、反思层（reflective）三个层次。② 我们对应这三个层次，可以将情感交互理解为形式层面、行为层面与内容层面的情感交互。材料、形态、图像、设计风格给予用户第一感官刺激，让用户形成本能的情感体验。用户与系统的交互方式，比如鼠标点击、触屏、身体感应、虚拟体验等是用户与系统交互过程中的行为，随着新技术、新材料的发展，各种新的行为方式层出不穷，为用户带来更新奇、丰富的交互体验与感受。前文提到信息内容是交互的核心，所以终极的情感交互一定是内容的交互。当内容蕴含丰富的情感含义，使产品与人的思想有一种情感交互时，人与系统将建立起一种情感层面上的深刻关系。

三、人与数字媒介的交互方式

任何一种交互方式都需要一个相应的逻辑体系，比如人通过身体器官感知外部环境，通过鼠标删除一个文件，通过操控装置来操作控制机器。人类在漫长的实践中通过技术延伸了自身的感知能力。以媒介传播领域为例，从口语、书写、印刷、电子到互联网，技术的更迭使媒介的性能越来越人性

---

① 孙辛欣，靳文奎. 移动应用中的情感交互设计研究［J］. 包装工程，2014，35（14）：51-54.

② 唐纳德·A. 诺曼. 设计心理学3：情感化设计［M］. 2版. 何笑梅，欧秋杏，译. 中信出版社，2015：11.

化。目前人与数字化媒介的交互已经从早期的鼠标键盘发展到了触屏、语音识别、动作识别等更先进的模式。媒介技术的革新使人与人、人与媒介的交互越来越便捷，对人的感知能力的延伸和补充也越来越自然、和谐。

（一）鼠标、键盘交互

鼠标、键盘交互是常用的电脑桌面端的交互方式。电脑系统、应用软件都是按鼠标、键盘交互来设计的。鼠标、键盘的交互语言包括输入、拖放、单击、双击、滚动等，系统的反馈则是屏幕的显示及声音的回应。不同的系统和应用中鼠标、键盘的语言也不尽相同，比如苹果电脑的无线鼠标就具备手势触碰滑动交互语言。这类交互方式的优点在于快速、高效、准确。鼠标提供了精确的定位，与键盘组合适合大数据量的输入和精确控制。

（二）屏幕触控交互

屏幕触控交互广泛运用于智能手机、智能平板及互动投影上，包括单点触控和多点触控。多点触控能同时采集多点信号，同时对每路信号的意义进行判断，从而实现屏幕识别多个手指同时做的点击、触控动作，也就是所谓手势识别。手机等移动终端的屏幕触控交互主要通过一系列传感器（如触控传感器、光学传感器、加速传感器、图像传感器）来实现。触控的交互语言有点击、拖曳、滑动、压力、多点捏合及张开，如 Mac 上的多点触控手势（图 1-14）。屏幕触控为用户提供了简单、方便的人机交互方式。用户只要用手指轻轻地触碰智能终端设备，触摸显示屏上的图符或文字，就能实现对终端的操作。

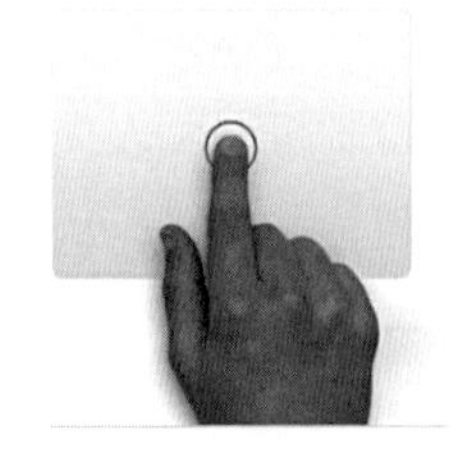
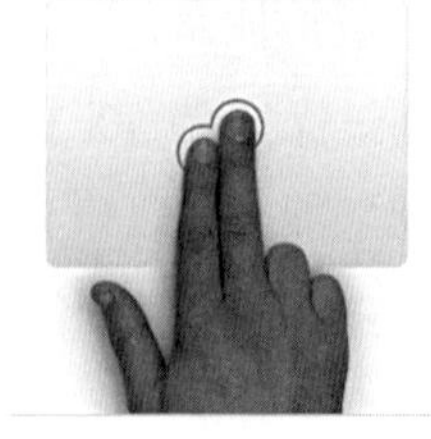
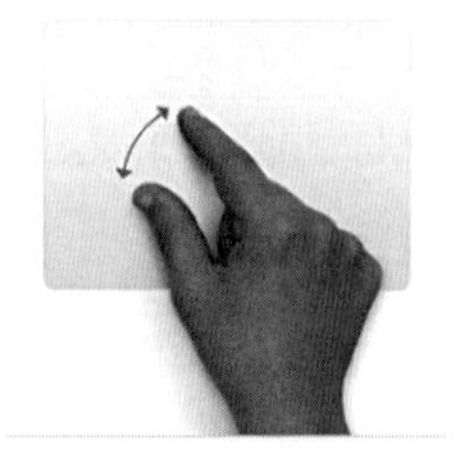
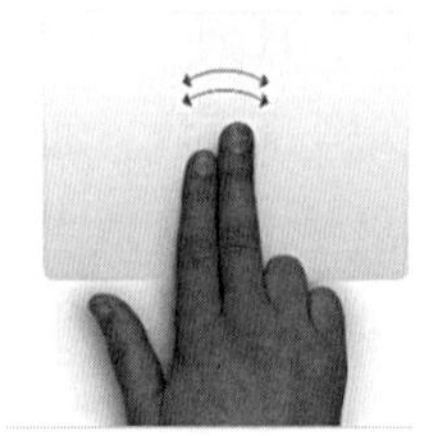

图 1-14　Mac 上的多点触控手势①

① 图片来源于 https：//www.apple.com.cn/.

（三）头戴设备交互

目前常见的头戴设备主要有智能眼镜和虚拟现实头戴式显示设备。实际上头戴设备的交互属于身体动作交互和语音交互。因为这种动作交互和语音交互基于可穿戴设备，所以我们将其单列出来讨论。谷歌眼镜的交互方式主要有语音和眨眼。谷歌眼镜通过语音和眨眼指令实现拍照、视频等功能，因为技术与功能还不成熟，所以存在舒适度不够、电池续航能力差、设备发热等问题，而最主要的问题是对产品的功能研发不足。微软Hololens 智能眼镜是一款 MR 混合现实产品，它可以创造出虚拟 3D 模型，在真实世界中叠加虚拟元素。用户在所处真实环境中能够与虚拟元素进行互动。微软 HoloLens 智能眼镜的交互方式是利用传感器和语音控制，通过肢体、眼睛和耳朵等感官体系直接与显示场景进行交互。在这种交互中因用户所处的真实场景与虚拟物体共存，用户对虚拟对象的感知与真实环境融合在了一起，因此，这种交互可以强化用户在场感（图 1-15）。

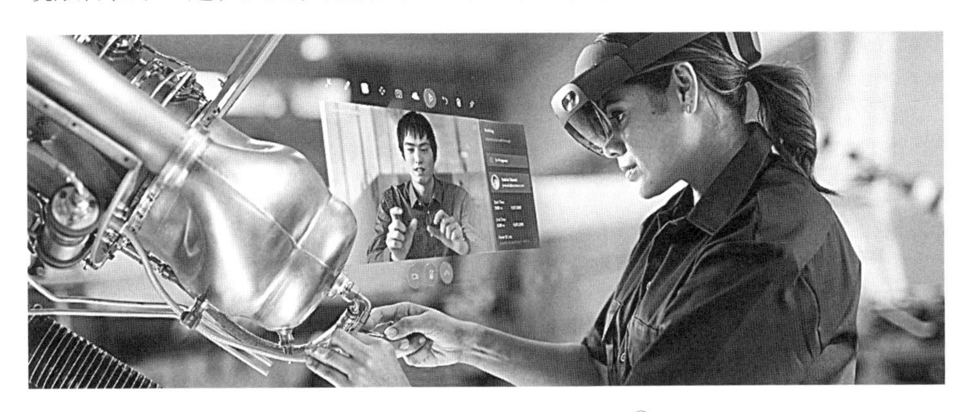

图 1-15 Microsoft Hololens 2①

（四）语音交互

语言发声是人与人之间交流的主要方式。随着技术的发展，人与数字媒介之间进行对话的可能也逐步提高。语音交互是指系统捕捉语音信号，

① 图片来源于 https://www.microsoft.com/zh-cn/hololens.微软 Hololens 2 的混合现实技术可优化操作，提升工作效率.

并将信号转换成相应的命令进行反馈。目前很多公司推出了较为成熟的语音识别产品，如百度的人工智能产品“小度”（图 1-16）、智能音箱（图 1-17）、iPhone 的 Siri 语音助手等。根据用户的使用目的，语音交互可以在多种移动互联网场景中应用，如语音聊天、语音识别、语音导航等。

图 1-16　百度机器人“小度”①

图 1-17　智能音箱“小爱同学”②

（五）体感交互

体感交互指用户不需要借助控制设备，直接通过肢体动作与系统进行互动。在体感交互技术的引导下，人们可以不再利用键盘、鼠标、穿戴设备等，只需通过肢体动作便可以在屏幕中显示与动作实时对应的身体姿态表征，从而建立身体与虚拟场景的关联。动作捕捉、空间定位及感应器是体感交互系统中的重要技术。体感交互系统主要通过体感摄影机借助红外线来识别人体运动，如 Leap 公司的 Leapmotion 等。比如 2020 年 Studio NOWHERE 工作室在上海为某知名品牌系列产品设计开发了一组瑜伽互动体验装置。这组体感交互装置利用 Kinect 镜头，捕捉人像的瑜伽动作，由

① 图片来源于 https：//www.sohu.com/a/124856688_118040，该网址现已失效 .

② 图片来源于 https：//www.mi.com/aispeaker.-mini，该网址现已失效 .

程序判断姿势的标准程度，最终将参与者的动作以人形骨骼的图像实时呈现在幕布上。装置的体感交互形式获得了消费者极大的参与度。

第四节　数字交互媒介设计的表现形式

数字交互媒介类型很多，人与媒介的互动方式及获得的互动体验也丰富多样，但在传播设计范畴内，并不是所有的数字交互媒介和交互类型都适用。有的媒介更适合作为娱乐的载体，或者有的媒介更偏重于功能应用而不适合用来传播信息，所以在数字交互媒介设计中我们需要考虑媒介类型、交互类型这两者与信息传播的关系，选择最合理的表现形式。目前最常见主流的数字交互媒介设计的表现形式集中在以手机为代表的移动媒介端，这是因为移动媒介的普及和其可移动性、便携性等特点使人与移动媒介之间的关系愈发紧密。作为以信息传播为目的的设计，手机媒介的优势显得极为突出。而线下的表现形式以互动装置为主。这类形式互动性和趣味性强，通常与环境空间联系紧密，具有一定的公共性倾向。

一、移动页面表现形式

移动页面是在 Html5 网页浏览器技术发展之后广泛应用于手机、平板电脑等移动端的页面形式。由于 Html5 技术解决了早期网页版本无法在移动端运行的各种问题，尤其是不需要外部插件即可播放视频，因此，在电脑桌面端的互联网传播被迅速迁移到手机移动端。基于移动页面的传播设计最初以静态的图文信息传播为主，可以被认为是传统纸质媒介传播方式在传播平台上的迁移，比如将报纸内容重新编排置于手机页面。移动页面表现形式简单、直接，目前仍是比较主流的表现形式，比如微信公众号推文（图 1-18）、微博博文等。

随着用户对接收信息方式要求的不断增多，移动页面在公众号推文类的单向性信息传播表现形式的基础上逐渐形成了交互性双向表现形式。目前常见的有 H5 移动页面设计。这种表现形式在静态的页面上增加了动效、

图 1-18 苏州大学传媒学院微信公众号

音效、视频等元素，除此之外，更重要的是增加了用户与页面之间的互动行为，通过游戏等方式使用户参与信息传播的叙事过程（图 1-19）。在手机端的互动主要有点击、滑动、长按、拖动等。这种具有交互行为的、双向性的移动页面才是交互媒介传播的表现形式，也是本书讨论的范畴。

图 1-19 H5 作品《听——节日的声音》
作者：李想、吕荃、张静

二、互动媒体装置表现形式

互动媒体装置这类表现形式通常基于特定的空间场景，比如广场、地铁、商场等空间。它与移动页面表现形式不同。用户与互动媒体装置的交互方式更加多样，具有身体参与性，比如手势、表情、动作等。与移动页面表现形式相比，互动媒体装置表现形式需要更复杂的技术，涉及的材料设备更多，最终的交互体验也更丰富。互动媒体装置表现形式主要依托感应器而展开，常见的有肢体感应（图 1-20）、动作感应、声音感应等。由于互动媒体装置带给人们的体验感很强，所以也具有很强的娱乐性。从传播设计角度来讲，作品的表现形式最终要服务于内容的传播，因此，在设计过程中我们需要避免过度追求娱乐或者只有娱乐体验而缺乏信息传达。

图 1-20 肢体感应

第二章
数字交互媒介设计语言

媒介技术的发展在改变传播生态的同时也在逐步形成媒介自身的表现形态，其中包含媒介自身的视觉呈现，它体现了媒介的审美表达，这对附着于媒介上的形式语言和设计方法都有自身的要求。数字交互媒介设计的视觉要素与传统媒介的设计要素有共通之处，比如图像、文字、色彩等基本要素。这类要素的设计方法原理同样可以应用在数字交互媒介设计中。但是媒介形态的转变必然使设计语言具备新的形式和新的设计原则，即便同样是图像、文字、色彩等基本要素，当介质从纸张转移到屏幕时，其设计原则和方法必然也会有相应的改变和要求。并且我们可以看到，数字交互媒介不仅包含平面视觉元素，还能呈现和播放动态视听元素，这在传统平面媒介中是无法实现的。所以在新的媒介特征和新的用户阅读特征已改变的环境下，设计者必须了解和掌握新的设计语言才能做好符合新媒介环境的设计。

第一节　数字交互媒介的视觉表征

媒介技术的更新使数字交互媒介视觉设计的视觉表征具有快速迭代发展的特征，这是与传统媒介视觉设计的主要差异所在。从早期数字媒介的开端到现在的普及，数字交互媒介的视觉表征在形式、内容、技术几个层面不断进行优化和转变以适应用户日益增长的审美需求和媒介形态不断发展的技术需求。这种迭代发展在移动媒介端表现得尤为突出，手机界面的各种设计风格和流行趋势不断涌现。需要指出的是，能够被广泛应用的风格不仅有审美层面的因素，更有技术层面的因素，如果一种风格难以满足程序代码的要求，那么审美效果再好也难以被广泛采用，所以数字交互媒介的视觉表征始终与技术息息相关。

一、从“拟物化”到“扁平化”再到“新拟物化”

（一）拟物化设计

1. 拟物化设计概述

拟物化设计的出现来源于数字媒介发展初期用户对于数字媒介界面的陌生，数字媒介产品如何向用户展示界面效果和引导运用操作方式是当时设计师和研发人员考虑的重要问题。拟物化设计这个词源自希腊语中的“skeuos”（意为器具或工具）和“morphe”（意为形状）。从词义可以理解到拟物化设计的重点是通过模仿日常物体的形态为用户提供即时语境，使用户快速理解产品中的视觉元素所传达的信息。所以说拟物化设计是指通过模仿现实物体的设计手段把物理世界的对象设计成一种视觉隐喻，使用户能快速将物理世界与数字虚拟两者联系起来。

2. 拟物化设计风格的特点

拟物化设计风格在早期数字媒介产品中的应用与流行主要基于以下两点。

（1）形象生动，易于理解

苹果公司早期产品在思考如何向用户解释产品的使用操作方法时选择了模拟真实世界的对象来引导用户，比如iBooks应用程序的主屏幕直接就是一个虚拟书架（图2-1），通过木质纹理、阴影和纵深感来

图 2-1 iBooks 的拟物化界面①

① 图片来源于 http://www.mobileui.cn/three-reasons-let-you-don-t-hate-to-chemical-design.html.

图 2-2 iOS6：iPhone 界面拟物化设计最后一个版本①

模拟真实书架。点击书架上的封面就可以打开进行阅读。当用户阅读时，书本的翻页非常直观，轻触一个页面就可以翻页。这些视觉效果和操作方式都是对现实生活的隐喻。在数字媒介产品还未能流行普及的年代，因为设计以认知引导为优先，所以拟物化设计通常具有写实、精致的视觉特征，充分利用各种纹理、阴影特效来模拟真实物象，达到快速让用户理解、接受产品的目的（图 2-2）。

（2）怀旧美学

拟物化设计能为数字媒介产品带来情感温度，对实物的模仿会令人觉得有趣、亲切、友善，通过用户熟悉的情景设计可以令其感到舒适。早期拟物化设计常以经典旧物件为模拟对象，同时对皮革、木纹、金属等材质肌理的描绘都能使进入数字时代的人们感到亲切，具有经典怀旧的美学特点，容易捕捉用户（图 2-3、图 2-4）。

图 2-3 Instagram 早期拟物化图标②

随着数字媒介技术与产品的发展，拟物化设计风格越来越难以适应媒介技术与信息传达的发展需求。在苹果 iOS 7 发布后，拟物化设计风格逐步被扁平化设计风格取代。

① 图片来源于 iPhone5 手机界面.

② 图片来源于 https://baike.sogou.com/historylemma? lld = 51662240&cld = 167784612. 该网址现已失效 .

图 2-4 iOS Podcast App 1.0 复古界面①

（二）扁平化设计

1. 扁平化设计概念

扁平化设计（Flat Design）是基于拟物化设计（Skeuomorphism）而言的一种设计风格，目前主要应用在以移动网页端为代表的数字设计领域。随着扁平化设计风格的流行，目前其他平面设计领域也深受影响。那么什么是扁平化设计？它是基于二维空间的一种设计表现形式，摒弃了曾经广为流行的立体装饰、浮雕阴影、具象化、渐变、透视、纹理、羽化等设计语言，采用抽象化、符号化、平面化的表现手法，使整体界面呈现出整洁、统一、清晰、极简的视觉效果。

扁平化设计的流行主要源自两个层面。第一，拟物化设计难以适应数字媒体技术的发展。拟物化设计已经不能满足移动端页面设计的发展，比如图像的像素因素、自适应因素及拟物设计制作的难度与专业度都制约了拟物化设计的前景。扁平化的设计可以更有效地支持 Web 和移动端，更适合响应式设计，能满足不同尺寸电子产品的需求，在不同的屏幕上都具有良好的识别阅读效果，而且对于设计开发更加友好，还可以降低运行时

① 图片来源于 http：//www.mobileui.cn/proposed-design-of-good-and-bad.html.

的负载。第二，扁平化设计符合当下用户体验需求。扁平化设计具有更好的易读性，信息呈现简单、直接、高效，各个元素之间的结构层次简洁明了，特别是在移动端，简化后的界面干净整洁，让用户能快速直接了解界面的交互引导和内容传达，使用户的使用体验更具有流畅感和清晰感。基于以上两点，扁平化设计风格近年来占据了数字设计领域的主流地位。

2. 扁平化设计的发展

扁平化设计的缘起可以追溯到 20 世纪 50 年代的“瑞士设计风格”(Swiss Design)，后因为该风格成为第二次世界大战后最流行的设计风格，所以扁平化设计风格又被称为“国际主义平面设计风格”(International Typographic Style)，代表设计大师有阿明·霍夫曼、艾米尔·路德等。瑞士设计风格的特点是简洁明了，强调理性化和功能化，这与包豪斯的现代主义设计理念如出一辙，都是希望通过简洁清晰的画面使信息传达更加有效。而这种风格与现在流行的扁平化设计风格是类似的。可以说扁平化设计风格正是延续了瑞士设计风格及极简主义风格的设计理念。

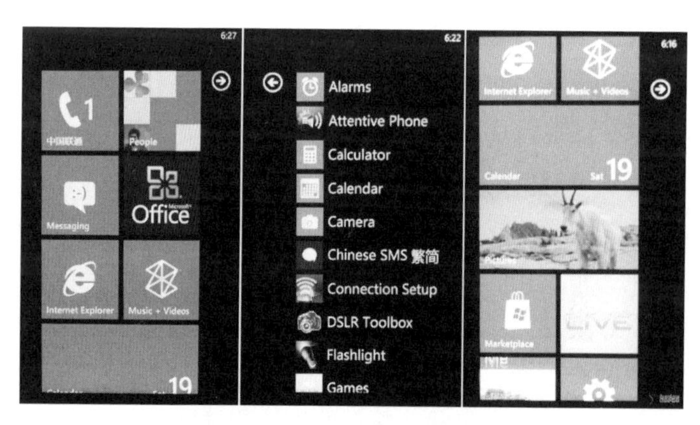

图 2-5 Windows Phone 7.0 手机操作界面①

最早采用扁平化设计的是微软公司。微软在 2010 年正式推出 Windows Phone 7.0 手机操作系统。这个版本的操作系统中采用几何平面化的形状，版式简洁清晰，色彩明亮，饱和度高，去除了拟物化的细节特征（图 2-5）。这对当时正流行的苹果公司的拟物化设计风潮是一种冲击，而后来苹果公司发布的 iOS 7 和安卓的 Android 4.0 操作系统最终还是走向了扁平化设计风格。醒目明亮的色彩、简化扁平的图形及形式感更强的版式最终取代

① 图片来源于 http://www.soomal.com/pic/20100009310.htm.

了拟物的细节仿真。

（1）初期的扁平化设计

初期的扁平化设计把各种拟物细节剔除得非常彻底，只剩下文字、色彩和图形，这给设计师和用户在接受初期造成了一定的困扰（图 2-6）。

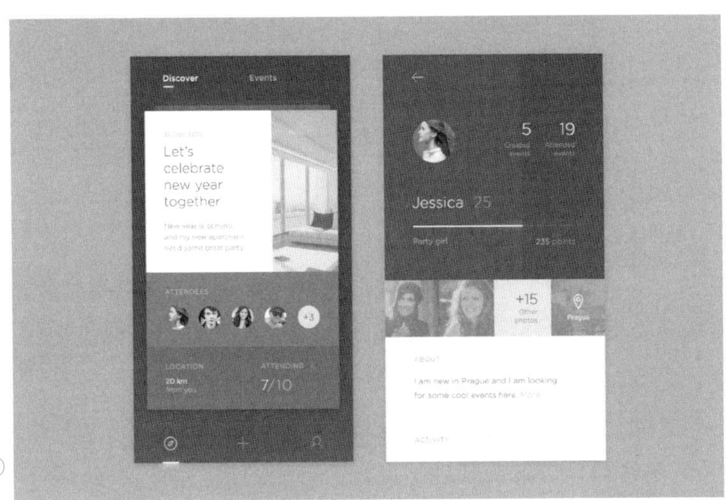

（a）App 页面设计①

（b）网站首页页面设计②

① 图片来源于 https://dribbble.com/shots/2110032-App-for-events.该网址现已无法检索 .

② 图片来源于 https://minimalmonkey.com/ .

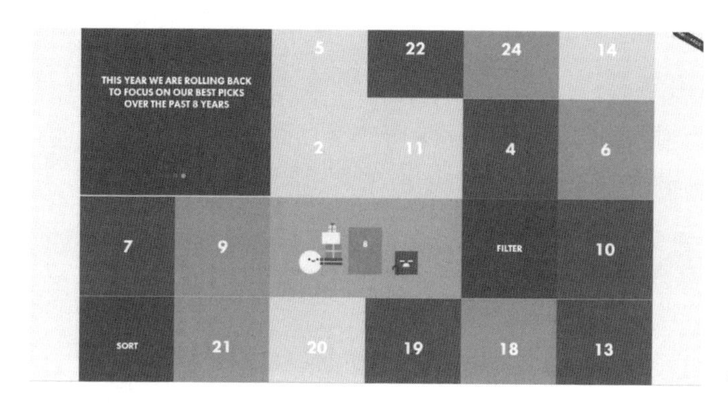

（c）网站首页页面设计①

图 2-6　扁平化风格设计

（2）扁平化风格的优化发展

纯粹的扁平化设计在经历一段时间后，出现了新样式。这种样式在原有的扁平化风格基础上做了一些细节上的调整，加上了一个微妙的维度（图 2-7）。比如增加扁平化阴影、细微的渐变和浮雕等效果（图 2-8），在保持扁平风格的基础上进行适度的调整，使视觉效果更丰富、精致。

图 2-7　扁平化风格的优化

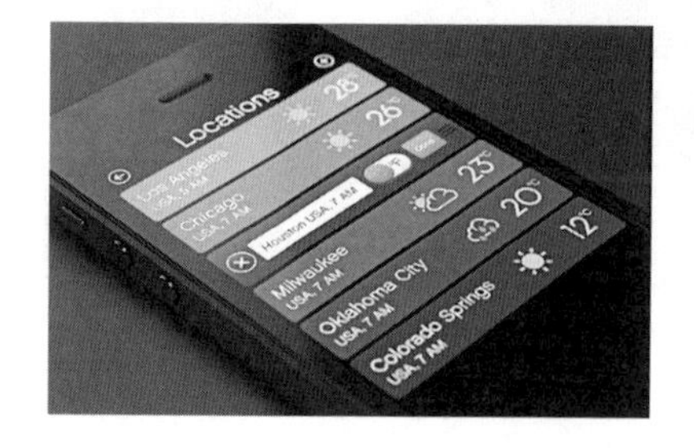

图 2-8　扁平化风格基础上增加了微妙的阴影和浮雕效果②

① 图片来源于 https://itsashapechristmas.co.uk/.该网址现已无法检索.

② 图片来源于 https://dribbble.com/shots/962126-Weather-App-locations-list.

（3）Material Design

扁平化风格的优化发展在 Google 的 Material Design 中体现得尤为突出。Material Design 是 2015 年 Google 提出的一套集合视觉、交互和前端的界面设计规范。它是一套跨平台体验的设计语言。Google 希望基于安卓系统的所有应用都能以这套规范为指导系统，确保各个平台使用体验高度一致。Material Design 提出了三大目标：创造、统一、定制。创造：创造一种伴有创新理念和科技的新的视觉设计语言。统一：创造一种独一无二的底层系统，在这个系统的基础之上，构建跨平台和超越设备尺寸的统一体验。定制：通过 Material Design 的视觉语言的延伸，为创新和品牌表达提供统一灵活的设计规范。

Material Design 不能被简单地划为扁平化设计，但可被认为是对扁平化设计风格的调整和发展。它试图将物理世界的体验带入屏幕，保留物理世界中最原始的形态与空间关系，还原用户的本体体验，使数字图像与现实物理世界形成某种联系。具体分析 Material Design 的设计表征可以将其总结为三点。

其一，物理材质空间的隐喻。

Material Design 将物理世界的卡片概念引入它的数字设计体系（图 2-9）。物理世界中卡片的层叠、厚度、投影等特性被带进了屏幕的虚拟世界。同时虚拟世界的卡片还有真实卡片不具备的功

图 2-9　Google Material Design 的卡片原理示意①

① 图片来源于 https：//material.io/.

能，比如伸缩变形、拼接分割等。具体的运用首先是将界面元素整合在卡片上，然后通过阴影区分卡片的层级关系，模拟物理世界的深度空间感，最后设计卡片的分割与拼接，为跨平台实现统一的设计规范（图 2-10）。

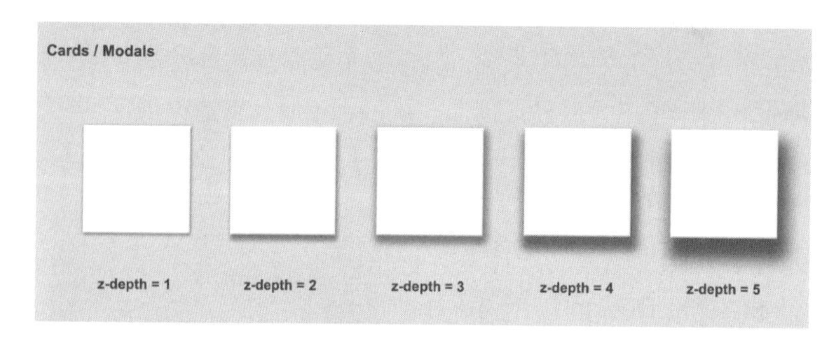

图 2-10　Cards 的阴影层级①

除了引入卡片材质之外，物理世界的光效、质感和运动规律也被带入设计体系中，在数字虚拟空间构建出物理世界的实体隐喻（图 2-11、图 2-12）。

图 2-11　模仿现实中的折纸效果表现空间和光影②

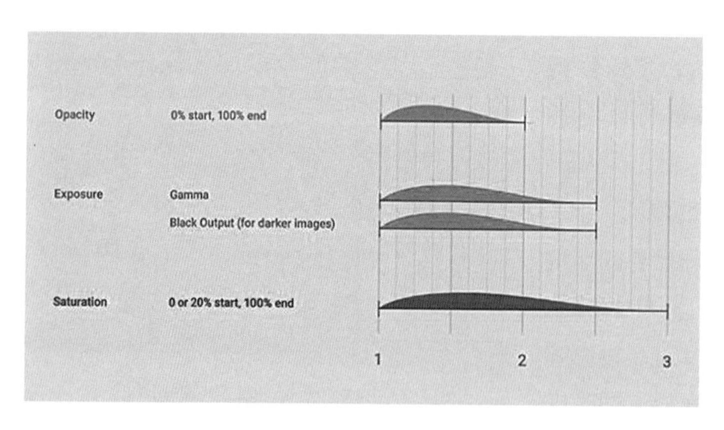

图 2-12　图片的加载过程的透明度、曝光度、饱和度 3 个指标③

① 图片来源于 https://material.io/.
② 图片来源于 https://material.io/.
③ 图片来源于 https://material.io/.

其二，传统印刷设计基础上的新理念视觉设计。

Material Design 的设计规范借鉴了传统印刷纸媒的视觉设计原理，包括版式、空间、配色、图形等常用平面设计规范。延续现实世界的设计规范符合用户的审美经验，可以形成物理世界与数字世界在视觉传达上的一致性（图 2-13）。

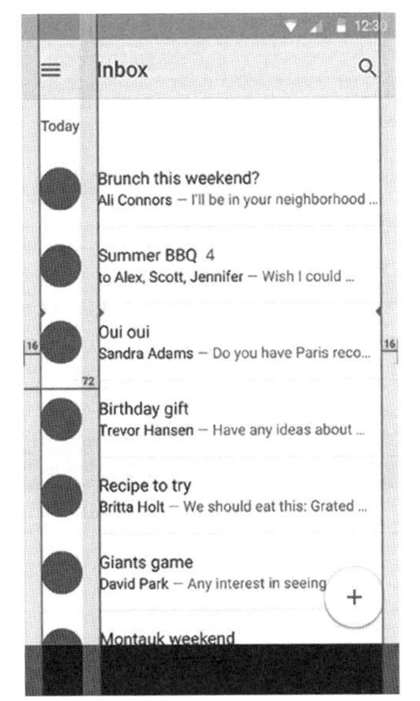

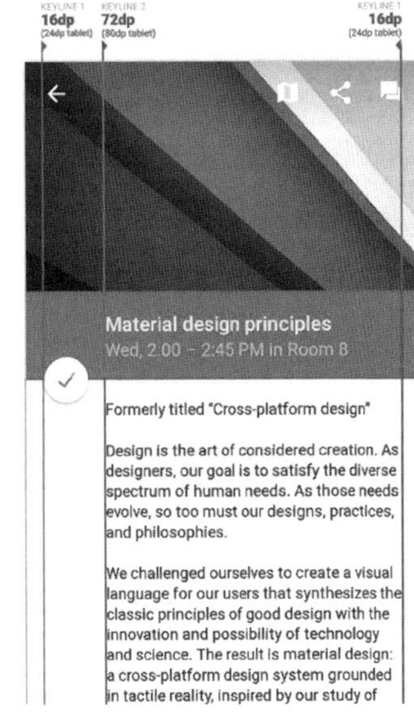

图 2-13 Material Design 设计规范①

除此之外，Material Design 在视觉设计上力求夸张、大胆、醒目，在比例、留白、色彩对比、图像大小、线框等方面的设计上更加直接和理性，力求构建出鲜明、形象的视觉效果（图 2-14、图 2-15）。

其三，动效设计引导用户。

“动效”指的是动画效果。Material Design 运用了大量动效来暗示、指引用户的操作与阅读（图 2-16）。Material Design 强调动画的主要目的不在于装饰美感，而在于表达元素之间的层级关系，从而引导和反馈用户的行为（图 2-17）。Material Design 中的动效设计非常细腻，令人有愉悦感，在转场和过渡上，页面的变化具有优秀的连续性和平滑性，可以使用户充分理解动效之后的变化和反馈。

① 图片来源于 https://material.io/.

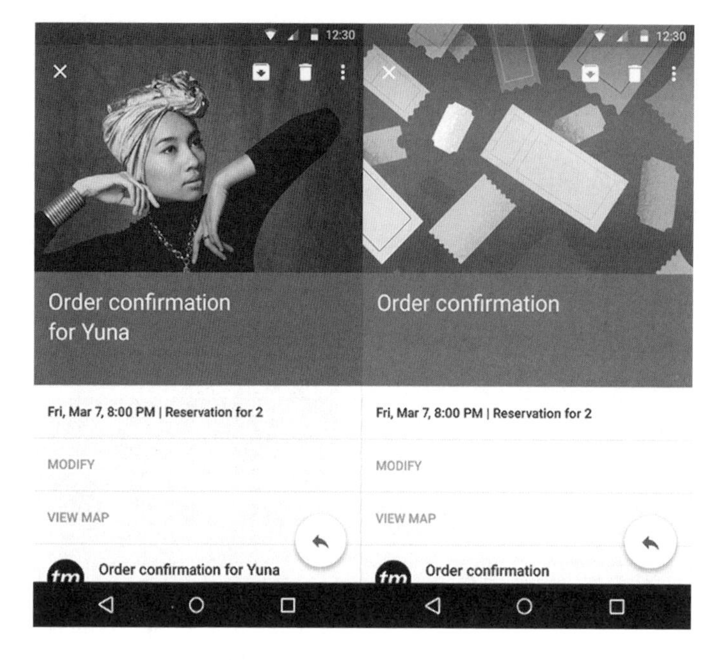

图 2-14 聚焦大图①

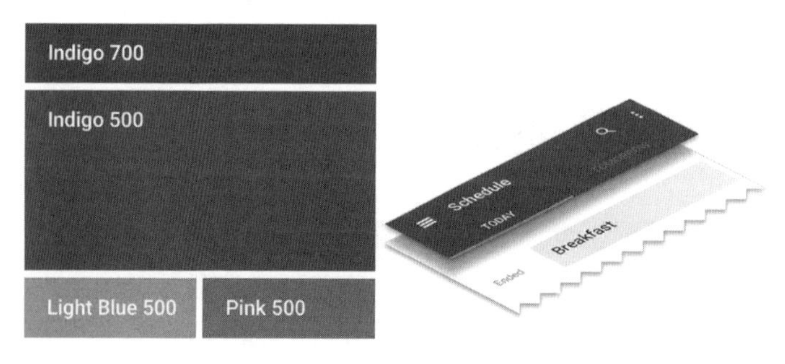

图 2-15 大胆运用补色和高饱和度、中明度色彩②

3. 扁平化设计的特征

扁平化设计风格是对应拟物化设计风格而提出的一种设计语言，提倡极简风，强调视觉设计服务于功能应用，功能优先于美观，这与包豪斯提倡设计是为人的设计而不是设计本身有共通之处。扁平化设计的功能性拟物化设计将设计重心与视觉焦点集中在了图像本身上，而减弱了图像在传

---

① 图片来源于 https：//material.io/.

② 图片来源于 https：//material.io/.

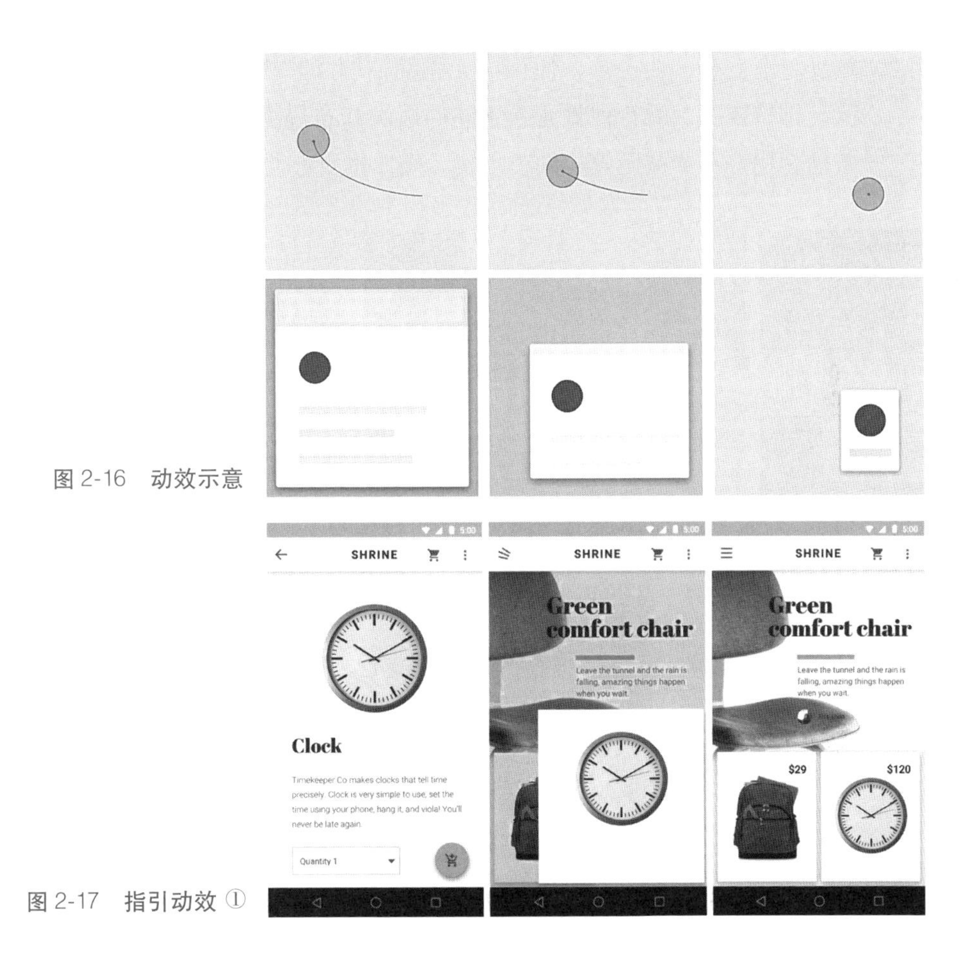

图 2-16　动效示意

图 2-17　指引动效 ①

达信息和引导用户等层面上的意义，因此，摒弃复杂的装饰效果，减少拟物设计的视觉干扰，提炼图像的纯粹几何形态，强化信息传播功能，推动拟物化走向扁平化是数字媒介产品设计的必然过程。扁平化设计的特征主要有以下四点。

（1）去除装饰特效

扁平化设计在二维平面维度上展开，将具象图形进行提炼概括，剔除模拟真实世界的装饰效果，比如阴影、立体、花边、装饰、透视、空间、

① 图片来源于 https：//material.io/.

纹理、渐变等一切特效，使视觉元素简洁明了、干净利落（图 2-18）。去除装饰特效后，所有视觉元素之间的层次和布局更加清晰、直接，界面更整洁，用户不会被无效的细节干扰，操作也更方便、直接。

图 2-18　去除特效①
设计：Michal Langmajer

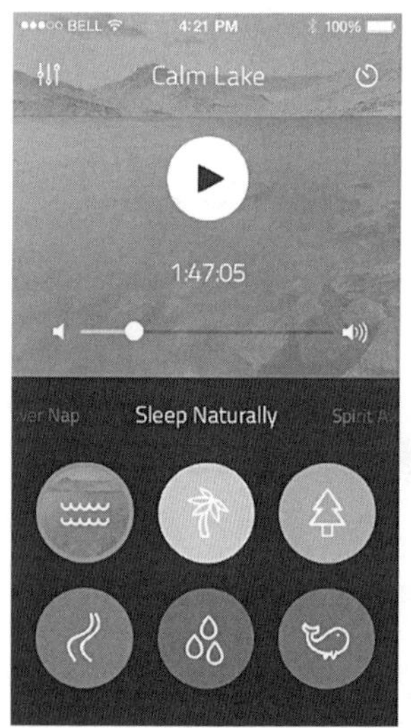

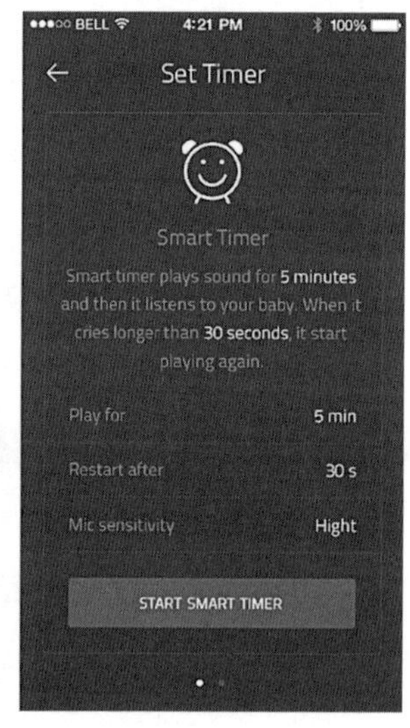

图 2-19　简化图形与文字②
设计：Michal Langmajer

（2）简化图形和文字

简化图形主要体现在简化空间图标、按钮等界面元素上。早期扁平化设计通常以矩形方角或圆形为标准，突出轮廓，对造型细节进行提炼抽取，减弱图标的具象性表达，避免干扰用户。之后随着技术的发展，扁平化设计开始在方角上增加圆角、微妙的立体和扁平化的投影等细微效果。文字的简化主要体现在采用无衬线字体上。英文的无衬线字体通常使用“Roboto”，而中文字体一般采用黑体。无衬线字体没有转角的装饰，线条粗细一致，流畅简洁，在数字媒介中更易于阅读（图 2-19）。

---

① 图片来源于 https://dribble.com/michallangmajer.
② 图片来源于 https://dribble.com/michallangmajer.

（3）采用高饱和度、中明度的色彩

扁平化设计采用鲜亮对比的色彩。一个元素之内以单色纯色为主。单色调、高饱和度和中明度更能吸引用户注意力（图 2-20）。

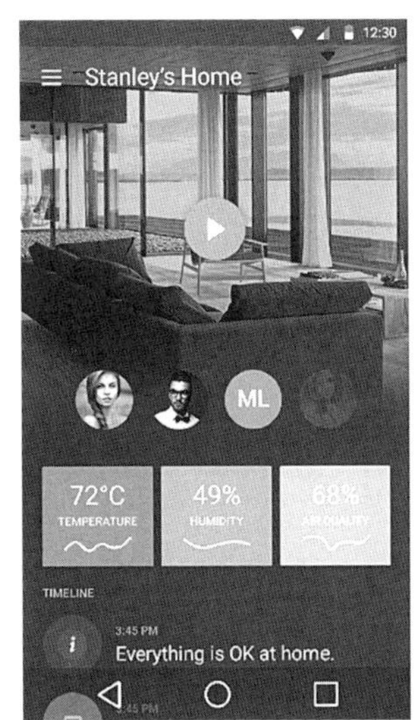

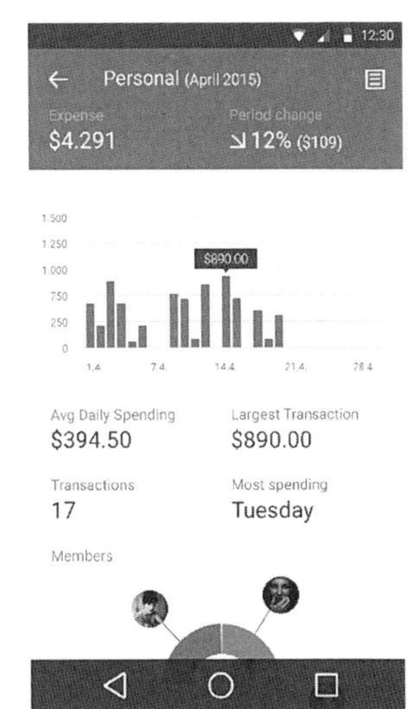

图 2-20 高饱和度、中明度①
设计：Michal Langmajer

（4）更理性优化的版式

为了在有限的屏幕上直观有序地传递信息，版式就显得尤为重要。扁平化设计的版式特征首先表现为强调大的对比关系，借助面积、色彩等元素的大对比来制造视觉中心。其次，留白的应用也是常用手法，通过屏幕留白凸显关键信息，将用户视线集中到焦点内容上。再次，大量运用网格。网格系统与扁平化设计具有天然的匹配关系。网格使界面更加理性和整齐有序（图 2-21）。

4. 扁平化设计的不足

扁平化设计风格为数字时代的设计带来了更高效、更科学的设计路径，但是也有不足之处。首先，表现过于单一。在不同地域和不同的用户场景都使用一种扁平风格让用户觉得视觉效果过于单一。其次，设计语言较为有限，设计师发挥的空间也较为局限，于是很多设计师都在尝试设计

① 图片来源于 https://dribbble.com/michallangmajer.

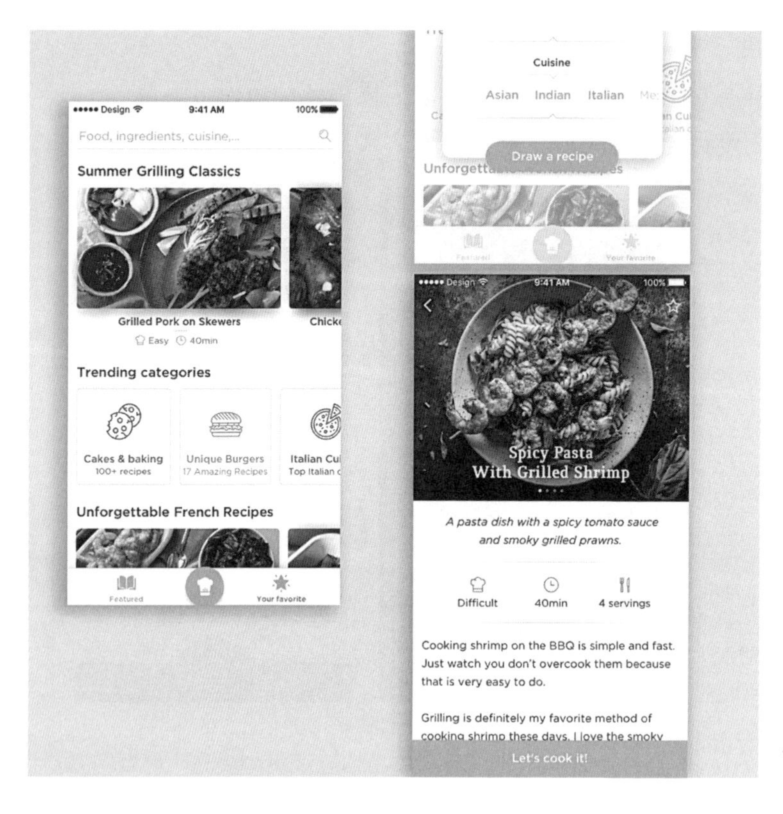

图 2-21 **优化版式**①
设计：Michal Langmajer

新的风格来优化扁平化设计风格。再次，情感表达上较为单薄。相比拟物化风格丰富的情感，扁平化风格似乎过于冷冰。

（三）新拟物化设计

1. 新拟物化设计的出现

从 2010 年微软推出的 Windows Phone 7. 0 开始至今，扁平化风格席卷了数字媒介视觉设计尤其是 UI 用户界面设计领域。随着数字媒介视觉设计的发展，扁平风格盛行多年之后，用户及设计师似乎对扁平化风格产生了一定的审美疲劳。

在 2020 年全球开发者大会（Worldwide Developers Conference，WWDC）上，苹果公司发布了新的 MacOS 11（又称 Big Sur）（图 2-22）。

---

① 图片来源于 https://dribbble.com/michallangmajer.

MacOS 11 在 UI 视觉方面将应用图标做了更新。更新后的视觉效果与之前的扁平化风格有较大的区别，以至于很多用户认为新版的设计并不美观。MacOS 11 的 UI 设计与之前的差异主要体现在摒弃了纯扁平化的设计理念，增加了立体、浮雕、阴影、渐变等特效，让用户感觉似乎又回到了拟物化设计。Big Sur 的新图标引发了激烈争论。有人认为这是苹果公司又一次引领设计风格，有人则认为新设计很难看。从尝试跳出纯粹的扁平化风格的设计方向来看，Big Sur 与新拟物设计有相近的思路。苹果公司希望用立体来融合扁平化风格和拟物化风格，新拟物化风格则是尝试用浮雕阴影来改变纯扁平的设计。

图 2-22　MacOS 11 立体化图标①

新拟物化设计又称为新拟态设计，兴起于 2019 年。当时，乌克兰设计师亚历山大·普卢托（Alexander Plyuto）发布了一个作品 *Skeuomorph Mobile Banking*（图 2-23），获得了数十万浏览量。有人认为这是新的拟物风格（New Skeuomorphism）。随后一位评论者杰森·凯利（Jason Kelley）将 New 和 Skeuomorphism 两个词进行组合创作了一个新词："Neuomorphism"，并决定去掉词汇中的

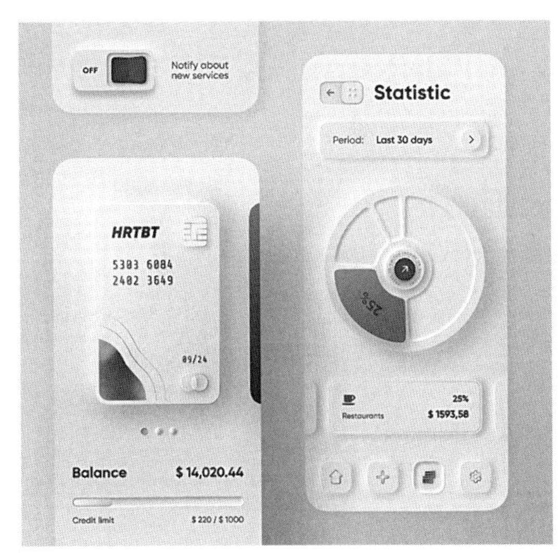

图 2-23　乌克兰设计师 Alexander Plyuto 作品：*Skeuomorph Mobile Banking*②

① 图片来源于手机界面截图.

② 图片来源于 https://dribble.com/shots/7994421-Skeumorph-Mobile-Banking. 该网址现已无法检索.

一个“o”，于是新设计词汇“Neumorphism”（新拟物）便产生了。新拟物化风格的出现为目前主导流行的扁平化风格增加了一种新的设计语言，也为用户和设计师增加了新的视觉感受和设计形式，因此，UI 设计领域甚至将这个风格称为 2020 年的新趋势。

2. 新拟物设计风格的特征

新拟物化风格可以被看成是拟物化风格的变体或者扁平化风格与拟物化风格两者的融合。这种设计风格具有较强的真实感，但又不是精致的模拟物理世界。新拟物化风格的结构包括背景、高光、阴影三个部分，在这三个部分上通过改变参数实现不同的效果（图 2-24）。

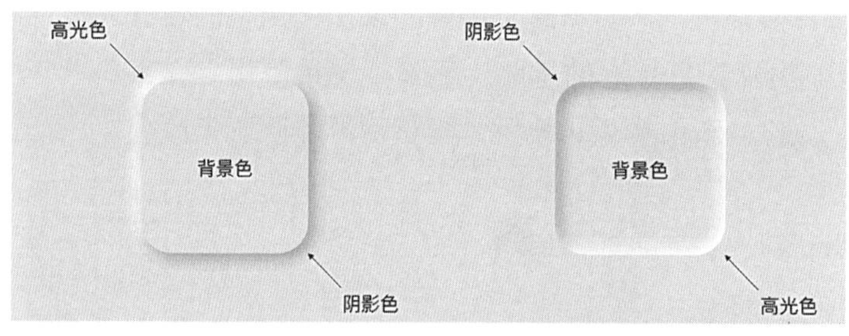

图 2-24 新拟物化风格的阴影原理①

总体分析新拟物化设计的特征，主要体现在以下几个方面。

第一，摒弃了之前拟物化设计中冗余、烦琐的设计，吸收了扁平化设计风格中的简洁、块面化的处理手法，具有较强的工业美感和科技美感。

第二，多用干净的纯色，界面效果平滑柔和，没有拟物化风格的肌理

① 图片来源于 https：// www.uisdc.com/2020-neumorphism.

等装饰，但又具有扁平化风格所不具备的立体感。

第三，阴影的处理和应用是新拟物化设计的重点，即利用阴影来塑造空间、质感和层次（图 2-25）。

3. 新拟物化设计风格的缺陷

虽然新拟物化设计风格在2020年引发热议，一度被认为是数字媒介视觉设计的新趋势，但是也有很多人认为需理性看待新拟物化设计风格，这种风格因自身的缺陷，目前还难以成为主流设计风格。新拟物化设计风格的缺陷主要有以下三点。

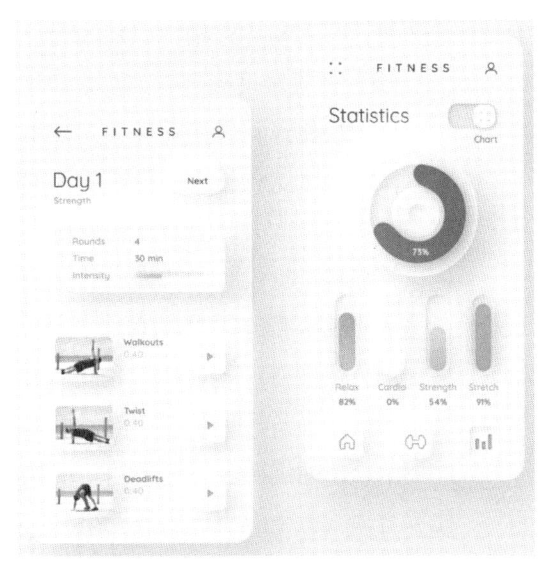

图 2-25　新拟物设计风格 ①
设计：Vadim Marchenko

（1）对比度低，视觉层次不够清晰

新拟物化设计风格在视觉设计上最大的问题是缺少对比。这种风格过于追求统一整洁，色彩运用过于节制，以至于整体视觉效果缺乏对比度。用户初次面对这种风格时容易被其鲜明的特点吸引，但是又很容易因单一的视觉效果而感到审美疲劳。

（2）操作导引不够明确

数字媒介的视觉设计始终要服务于用户操作使用，如果操作引导不清晰就会流失用户。新拟物化设计风格将设计重心放在了视觉效果上，对操作应用层面的设计相对薄弱，这点是其最大的问题所在。新拟物化设计利用阴影层次来布局，层次结构不够明确，整体画面过于一致，加大了用户识别的难度。同时在界面中除了文字外，其他元素几乎都是运用阴影来塑

① 图片来源于 https://dribble.com/shots/11202391-Fitness-neumorphism.该网址现已无法检索.

造体块，很容易导致用户识别的混淆。

（3）开发难度高

新拟物化设计风格的设计开发难度大、耗时长，尤其是容易导致资源量过载，同时这种风格的投影效果的实现需要对每个元素输入代码，代码过多，工作量太大。有开发者调侃说，一款移动应用产品如果使用新拟物化设计风格进行设计，或许当产品设计完成时这款产品就该淘汰下架了。

新的技术在流行初期都会给人们带来新奇和不适，无论是拟物化风格、扁平化风格，还是新拟物化风格，我们都没必要绝对地推崇某一种。每种风格都具备其优势与价值，每种风格都不可能永远占据历史舞台。新的技术、新的需要最终会推动新的风格形成，但最终来说，所有的设计风格都必须服务于应用、服务于用户，必须契合时代的发展。设计的目的不在于设计本身，而在于人。

二、从静态走向动态

早期数字媒介产品视觉设计偏向静态性设计，比如静态网页、界面等。随着数字媒介技术的发展，现在我们在讨论数字媒介产品设计时更多地会思考用户使用的体验感。如何为用户提供愉悦感是体验设计的核心，动效的设计与应用是用户产生愉悦感的重要手段。当下的数字媒介设计已经从静态性走向动态化。动效之所以是形成用户愉悦感体验的重要因素，主要是因为具有以下五种功能。

（一）焦点导引

图标、按钮、文字、图形及页面的动态化可以有效地吸引用户的注意力，并将用户视觉焦点指引到画面的重点信息上。具体来讲，比如动效的可察觉性可以使重点信息从周围元素中跳出来，而动效的引导性可以使用户聚焦在对的时间和位置。

（二）行为反馈

用户完成了一个操作后，需要动效提示用户操作的结果。比如动效可以传递不同的信号，反馈操作是否可行或者告知用户如何进行下一步的交互。

（三）明确层级

当页面层级与各种视觉元素较多时，合理运用动效可以明确元素之间的层级和页面的空间关系，比如卡片的展开与收拢、页面的转场等。

（四）分散注意

从目前的计算能力、存储能力来看，用户不可避免会在交互过程中面对加载的过程。当程序在后台运行时，动效可以使用户在等待过程中感觉到趣味，从而分散用户的注意力，降低用户对等待时间的敏感度，例如页面加载时或者转入下一个视图等。

（五）生动有趣

精致的动效不仅可以提升产品的实用功能，还可以为整个视觉设计体系润色。个性化、合理化的动效会令人感到愉悦和新奇，让用户体验更加生动有趣。

三、从技术娱乐走向内容表达

（一）数字交互媒介的技术娱乐性特征

正如莱文森所言："媒介招摇进入社会时多半是以玩具的方式出现。"① 的确，多数媒介技术在初始阶段都以玩具的形式出现在人们眼前。吸引人们的是新技术带来的新奇感而不是内容。比如虚拟现实技术在游戏领域的应用，微软的 Kinect 镜头也是基于游戏研发，苹果公司推出首款 iPhone 时其技术带给用户的新奇体验等。在新媒介技术发展初期，用户的关注点在于新技术带来的乐趣。技术演绎玩具的特性充分满足了用户的好奇心和娱乐心。数字交互媒介的技术娱乐是新技术背景下形成的娱乐，而不是日常的娱乐体验，主要源自以下两个方面。

1. 交互行为过程中形成的娱乐

人机交互行为活动是数字交互媒介展开叙事的关键，新技术的发展为

---

① 保罗·莱文森. 数字麦克卢汉［M］. 何道宽，译. 北京：社会科学文献出版社，2001：200.

人机交互行为提供了丰富多样的互动手段。在新的媒介技术还未普及时，人们在与媒介互动的过程中容易为新奇的交互技术激动，此时人们的快乐来自各种奇特有趣的互动形式。比如虚拟现实技术刚出现时，人们戴着头盔与非现实世界的物象进行互动。单纯的交互行为可以为用户带来欢乐。

2. 视觉奇观带来的娱乐

新的媒介技术进一步延伸了人的感知，使人们可以体验到媒介技术模拟甚至超越现实世界的奇观。媒介技术可以高度模拟真实世界。模拟现实世界不是简单地再现真实，而是在模拟中融入想象与个性表达。超越现实世界则是结合技术和艺术，利用光影、空间、运动等手段为人们营造和构建出真实世界中不存在的视觉奇观。这种视觉奇观虽然是虚构的，但是符合人们理解世界的方式，同时又超越了人们的日常经验，因此，极易带给用户视觉刺激和奇观感受。

（二）从娱乐走向内容

当新的媒介技术逐步普及并且人们对新技术不再陌生的时候，新奇的交互技术和视觉景观就不会那么容易吸引人。此时人们开始注意媒介所传达的内容。当媒介技术发展到以内容为目的的阶段时，技术便成了传达内容的中介桥梁。技术本身不再是目的，技术娱乐也不再是焦点。人们对于媒介的注意力从形式转向内容，数字交互媒介也从技术娱乐走向内容表达，而如何借用技术表达内容成了关键。与技术娱乐相同，数字交互媒介的内容传达也是基于新技术背景下的信息传播。内容传达的途径和方式与传统媒介相比有很大的差异，其中的核心特点就是数字交互媒介借用技术娱乐推动用户主动参与媒介叙事。

四、多终端的页面适配性

随着终端设备的多样化，尤其是移动终端主流地位的确定，页面设计从早先的 PC 端过渡到平板电脑端和手机端。多样化的设备使现在不再有唯一的标准屏幕尺寸。此时页面需要具备可塑性和可适配性，能够适应各种尺寸和配置的终端设备（图 2-26）。

目前，页面的适配性常见的设计有自适应式和响应式。自适应式是针对不同设备做相对应的一对一的设计（图 2-27），响应式则是同一个页面和同一个网址能根据不同的设备进行适配和兼容（图 2-28）。

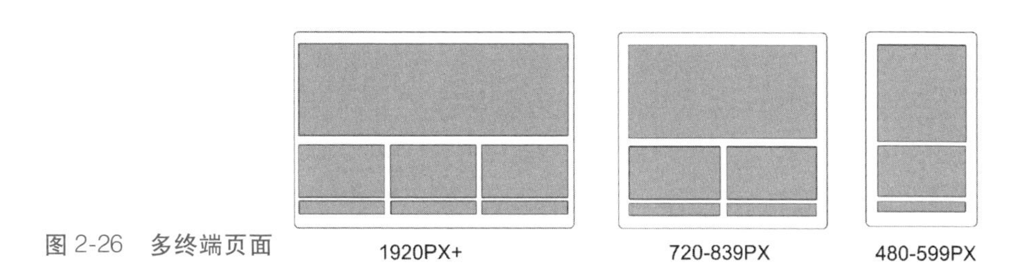

图 2-26　多终端页面

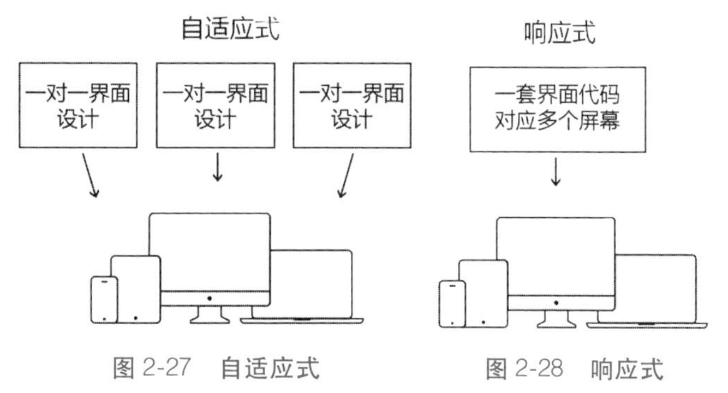

图 2-27　自适应式

图 2-28　响应式

响应式页面设计（Responsive Web Design）最早由伊桑·马科特（Ethan Marcotte）提出，他在“A List Apart”写了一篇文章，论述了将“流动网格布局”“弹性图片”“媒介查询”三种工具和技巧整合起来设计在不同分辨率屏幕下都能完美展示的网站的观点，其中，“流动网格布局”是指页面元素的网格结构类型，“媒介查询”是实现“断点”的方法，而“断点”是指不同设备的尺寸分辨率在变化时的节点。

“流动网格布局”是页面适应不同设备的关键。响应式页面的网格布局通常有两种：固定式网格和流动型网格。

固定式网格是指页面变化时，网格基本保持不变，当页面收缩或者放大接近中断点时才会发生变化。比如当我们的页面收缩到一个中断点的位置时，边缘的元素就会被自动裁切以适配尺寸，而其他元素基本保持不变（图 2-29）。

流动型网格的元素会随着尺寸的变化而变化。页面缩放至中断点时元素会自动减少或者增加，同时元素会随着尺寸进行相应的缩放。流动型网格是最常见的响应式页面布局（图 2-30）。

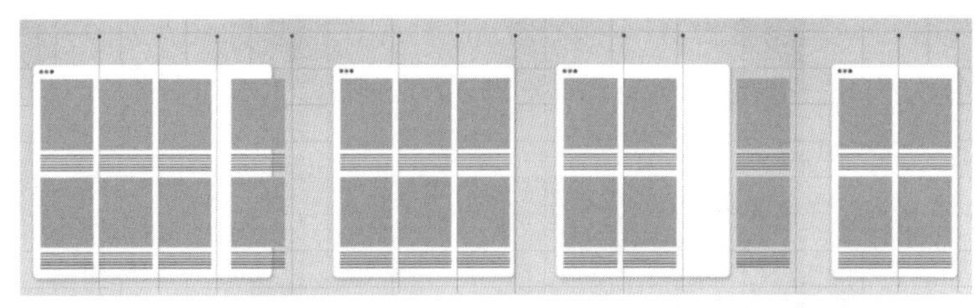

图 2-29　固定式网格页面示意

图 2-30　流动型网格页面示意

第二节　基于屏幕空间的传统平面视觉要素

数字交互媒介设计中的平面要素设计总体上延续了传统媒介中的设计方法与原则，比如纸质媒介中文字、图形、色彩三大要素的设计和版式设计也是新媒介领域视觉设计的重点内容。传统媒介领域中的视觉传达设计发展至今，其设计方法、原理等相关研究已经非常成熟，因此，本教材将不再重复前人已有的内容。因媒介形态的不同及用户阅读习惯的改变，数字交互媒介设计中的文字、图形、色彩与版式的设计有其独特性，其中最为关键的是承载视觉元素的载体介质发生了变化。纸质印刷走向了屏幕空间，尤其是手机屏幕。载体的转变使得基于屏幕的平面视觉要素设计不能完全照搬传统媒介视觉设计的思路与方法。

（一）平面视觉要素在移动媒介中的设计应用

1. 聚焦文字的空间与对比

虽然现在的阅读从文字时代、读图时代发展到了视频影像时代，但文字作为信息的重要载体仍然非常重要，因为不是所有的信息都能用图片和影像来表达。文字的信息传达功能更加准确、直接，很多交互引导也需要文字进行描述。在碎片化阅读时代要想更合理有效地在数字交互媒介尤其是在手机移动端上呈现文字、捕捉用户，关键在于做好文字的空间与对比。

（1）放大标题文字

很多设计师追求格调高级精致的设计风格，通常会认为字体太大是俗气、直白、商业化的表现，因此拒绝放大字体。实际上从快速捕捉用户的角度出发，放大标题是简单而又有效的做法（图 2-31）。

图 2-31　放大标题文字

（2）使用方正的文字背景框

一般而言，手机屏幕是竖长条形的，并且尺寸类型是相对固定的，这与纸张书本等有很大差异，因此，在竖长条形的空间内输入标题文字时就不大适宜采用横向长方形输入的方式，而应该改用正方形区域作为文字范围。这样的标题文字会显得更醒目（图 2-32）。

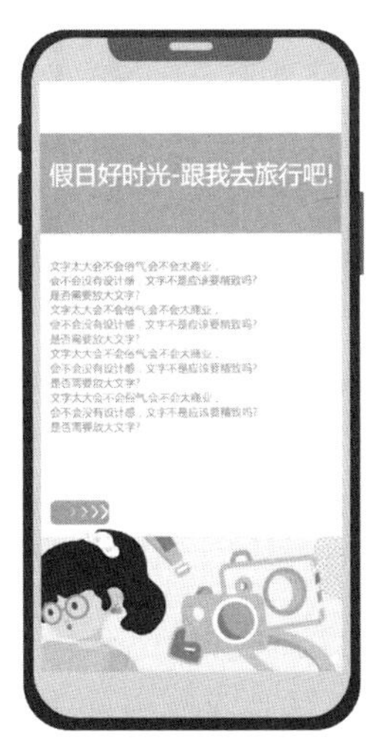

图 2-32　使用方正的文字背景框

（3）做好标题文字的层级对比

为标题文字设计层级关系，

并对不同层级的文字做对应的设计可以避免文字在正方形区域内显得呆板生硬。比如，改变不同层级文字的字体、大小、颜色、粗细、疏密，使标题文字形成一个文字组，并在文字组内形成对比关系（图 2-33、图 2-34）。

正常输入文字

调整字体大小粗细

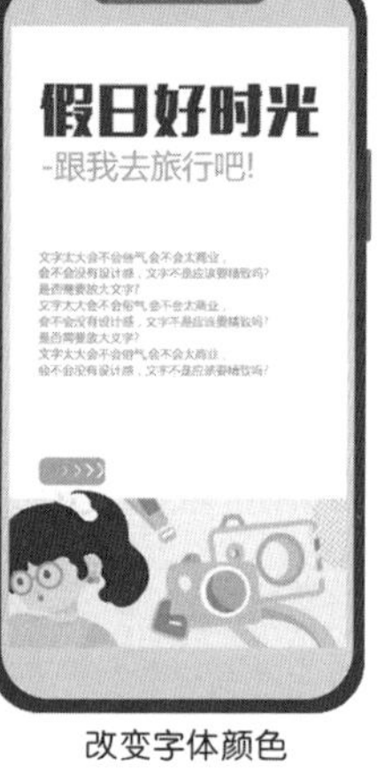

改变字体颜色

图 2-33　标题文字层级对比示意（一）

改变某个字的字体与大小

添加一个适当的小装饰

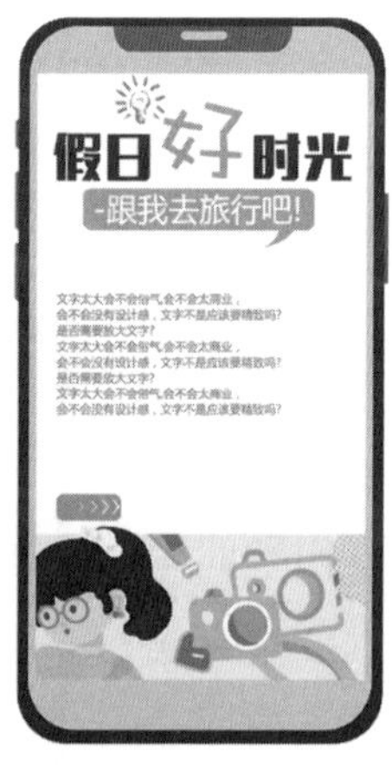

为副标题增加一个对话框

图 2-34　标题文字层级对比示意（二）

（4）设计一个文字

与输入字库中的字体相比，一个个性化的字体对于用户来讲更加具有吸引力。字体设计是传统平面设计中的基础设计课程内容，已经形成很成熟的设计创意与表现方法理论体系，我们同样可以将其运用在手机移动页面（图 2-35）。

图 2-35 字体设计学生习作

（5）合理运用背景图片

文字与图片相结合可以使画面更加丰富，但是也容易互相制衡导致视觉混乱，减弱对比。通常的处理方法是降低图片明度、饱和度和对比度，弱化背景，为文字增加遮罩、描边、投影等来增加文字的识别性（图 2-36）。

（6）精简正文文本

由于手机移动端屏幕小，文字太多会页面过满，影响页面美观。同时新媒体时代的用户缺乏深度阅读的习惯，面对满屏文字时容易感到疲劳无趣，因此，正文内容必须精简提炼，或者用多个页面进行排版（图 2-37）。

（7）选好正文文本的字体与字号

手机移动媒介端的正文文本字体通常采用无衬线字体，比如中文字体可以使用微软雅黑，英文通常使用“Roboto”

图 2-36 合理运用背景图片衬托文字

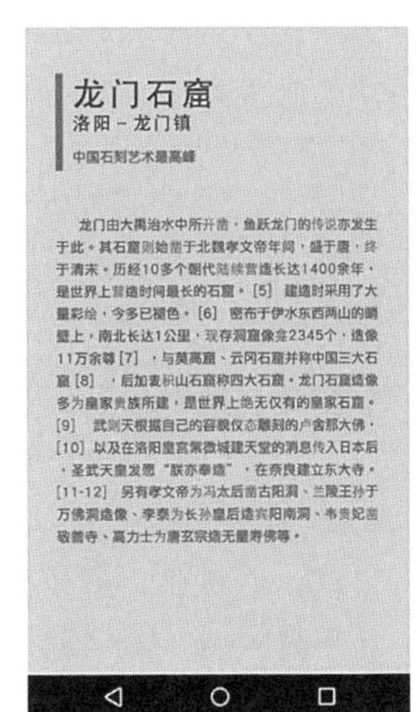

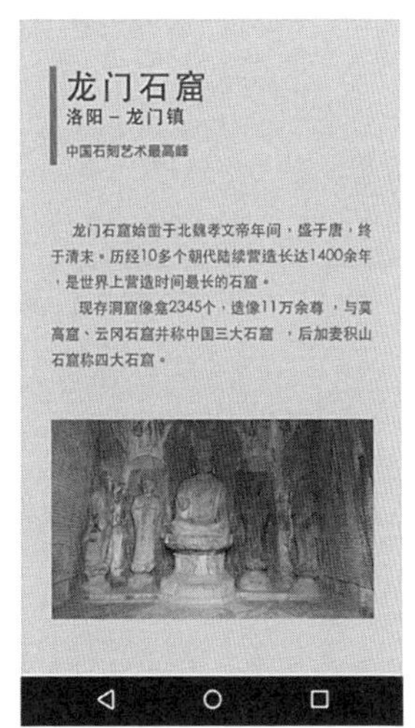

图 2-37 精简正文文本

字体。使用无衬线字体可以使画面更加整洁统一。正文文本中应减少使用复杂花哨的字体，比如手写字体。正文文本的字号大小通常控制在 14px ~ 20px，文字间距与行距也需要针对手机屏幕空间进行调整，以满足用户面对屏幕时的阅读体验需求。

2. 充分利用图片传达信息

图片对用户的吸引大于文字，人们在仔细阅读的同时展开想象和思考才能形成个人对文字信息的理解，且不同的理解会造成信息的偏差。而图片显然更加直观，同时高质量图片还可以从质感、外形、艺术审美等多方面刺激人们的感官，所以在有限的屏幕空间内可优先使用图片传达信息。

（1）使用高质量照片

高质量图片具有两个特征：第一，像素高、清晰度高；第二，图片视觉效果好，具有较高的艺术审美表现力，在构图、光影、色调等方面具有一定的专业水准。

（2）多用全图和大图

手机屏幕与传统印刷纸质媒体相比空间较小，屏幕空间内的图片如果较小就会影响用户观看体验。所以在手机端的视觉设计提倡用全图和大图。使用全图，指的是用完整的图片占据整个页面，使画面更加纯粹、饱满，通常运用在首页。使用大图，指的是在描述和叙事的页面中将图片做放大处理，增大图片的版面空间，减少文字的描述（图 2-38）。

（3）适当使用特写

涉及细节信息的图片可以采用特写图片进行展示。一方面，特写图片可以给予人们更精致微观的视觉效果；另一方面手机屏幕的尺寸决定了用户无法在全图中感受细节，所以在特定情况下我们可适当使用特写图片（图 2-39）。

（4）处理好图文关系

当图片与文字重叠在一起时，需要特别注意两者的关系。基本的要求是做到互为对比、互相映衬（图 2-40）。比如图片上的文字，可以使用淡淡的遮罩确保其可读性。Google Material Design 的规范是深色的遮罩透明度在 20% ~ 40%，浅色的遮罩透明度在 40% ~ 60%。

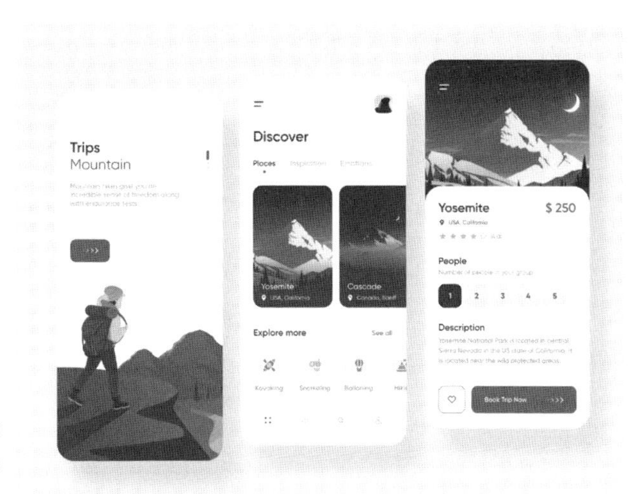

图 2-38　全图与大图①
设计：Vadim Marchenko

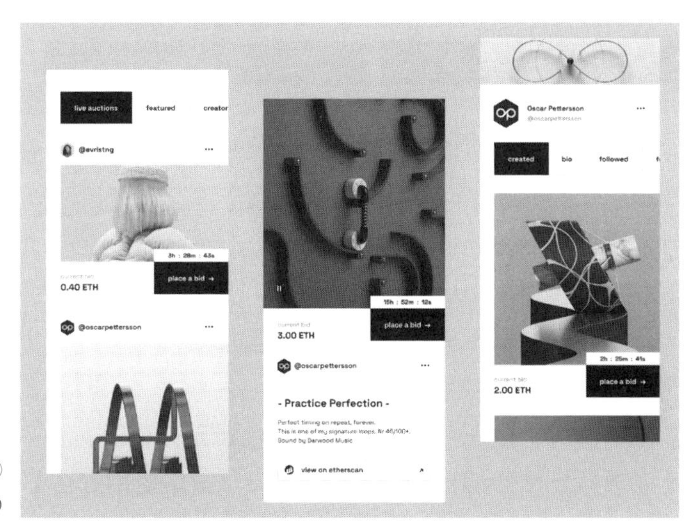

图 2-39　适当特写②
设计：Shakuro

3. 色彩的设计与应用

传统视觉传达设计中色相、明度、纯度、情感心理及配色原理技巧等相关理论法同样可以应用在移动媒介的视觉设计中，但是屏幕的介质决定了在移动媒介端的色彩设计的特殊性。从 CMYK 模式到 RGB 模式，从印

① 图片来源于 https：//dribble.com/.
② 图片来源于 https：//dribble.com/.

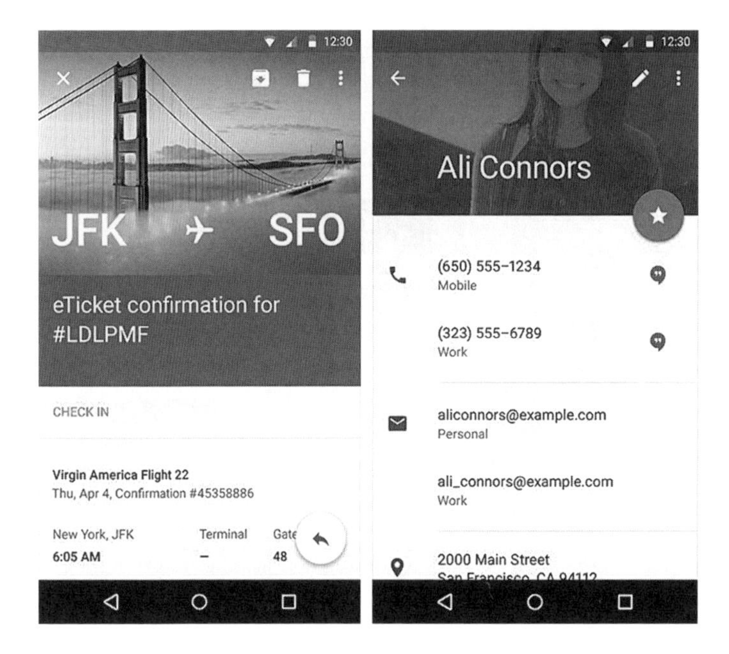

图 2-40 处理图文关系①

刷油墨到屏幕像素点，色彩层次越来越丰富，形式也越来越复杂。与此同时，因为移动媒介端的用户阅读属于浅层阅读，所以移动媒介端的色彩设计尤其需要做到具有视觉吸引力。比如，强调通过色彩制造焦点与对比，快速捕捉用户注意力，以及充分利用亮色与高饱和度颜色的响亮、鲜明、干净的视觉效果来获得人们的注意力。

（1）学会使用拾色器

在设计过程中设计软件的拾色器是人们进行色彩设计时常用的工具。每款设计软件都有它的拾色器窗口。虽然使用方法都很简单，但是我们需要知道在拾色器中选择色遵循的是 HSB 模式。HSB 就是 H（Hue，色相）、S（Saturation，饱和度）、B（Brightness，明度）。通常数字媒介产品的主色和重要辅助色都在窗口的右上角，这点符合数字媒介产品多用亮色和较高饱和度色彩的原则，次要的色彩通常在窗口的中上方，而文字与背景色多在左侧，右下方的色彩则要慎重使用。所以根据这个特点，我们可以将拾色器窗口从横向和纵向划分成九个区域，以供我们设计时更科学

① 图片来源于 Material Design 设计规范.

地进行配色（图 2-41）。

（2）定义主色

主色是核心色彩，决定了整个页面的色彩基调。定义主色的关键在于色彩的情感心理倾向性与内容主题是否契合。在移动互联网时代，在屏幕的 RGB 显示模式中，高对比度的色彩能给用户提供更好的视觉效果。移动端的视觉设计要想在一个限定的屏幕空间中争夺用户的注意力就需要选择明亮的色彩作为主色。定义主色的方法：在明确了色相类型后，在拾色器的右上方选出最合适的色彩。

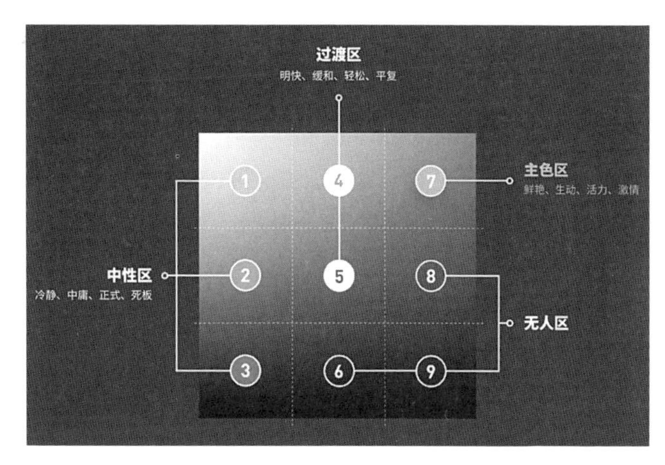

图 2-41　拾色器的应用

（3）定义辅助色

辅助色是页面中的次要色彩，通常不超过三个和主色不同的色彩。辅助色除了丰富页面色彩外，还具有更强的实用性，比如利用辅助色与主色的对比差异来引导用户点击关键的图标按钮。在通常情况下越是需要凸显的信息区域可以选择在色环（图 2-42）中离主色越远的颜色，也就是补色；相反，则可以用邻近色或近似色。

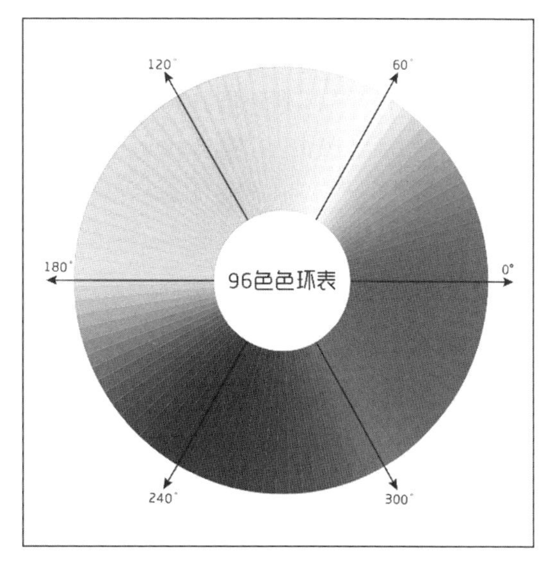

图 2-42　色环

配色应具有理性和科学性的思维，而不是全凭感觉进行设计。如何定义辅助色有一定的规律和法则。一般方法是在主色确定后再选择辅助色。一个主色通常可以定义出三个辅助色，分别是一个近似色、两个互

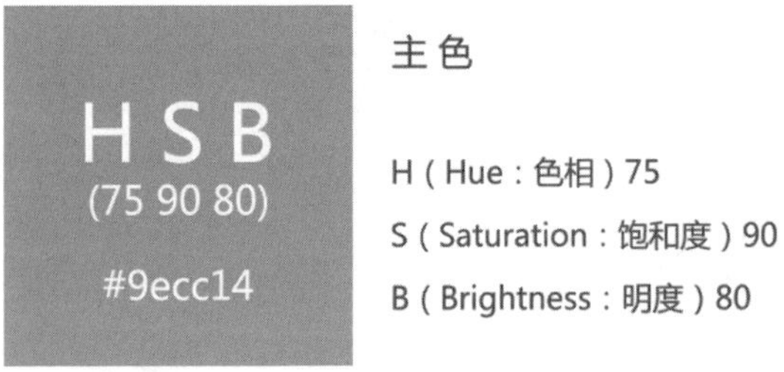

HSB
(75 90 80)
#9ecc14
主色
H(Hue：色相)75
S(Saturation：饱和度)90
B(Brightness：明度)80

图 2-43　主色

H(色相)不变，改变饱和度和明度可以得到同类色作为辅助色
75 96 50
75 94 60
75 92 70
75 90 80
75 70 85
75 50 90
75 30 95
同色系的作品具有和谐统一的效果，但只用一个色系会显得单调

图 2-44　定义同类色

H：75
H：45
H：240
H：255
H：270
主色HSB：(75 90 80)
辅助色HSB：(45 90 80)
辅助色HSB：(270 90 80)
辅助色HSB：(240 90 80)

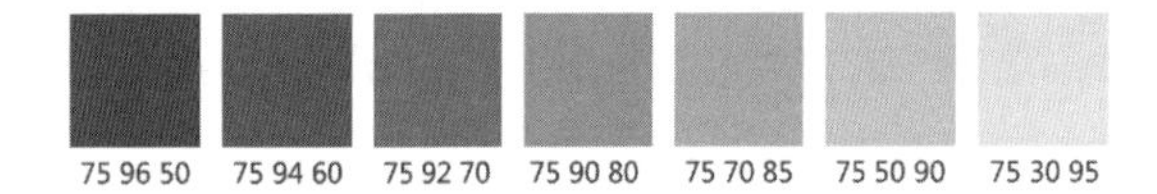

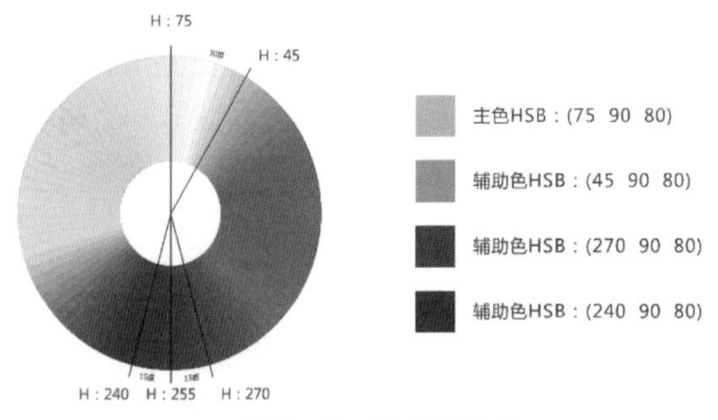

图 2-45　寻找辅助色

视觉感光度校正
依次在辅助色的色块上覆盖一个纯黑色色块图层，将图层样式选择为HUE(色相)，并调节这个图层的透明度，使辅助色的色彩在感光度上保持统一。
校正前色彩感光度不够统一
校正后的辅助色感光度一致
主色
75 90 80
辅助色
45 68 75
辅助色
270 76 62
辅助色
240 80 54

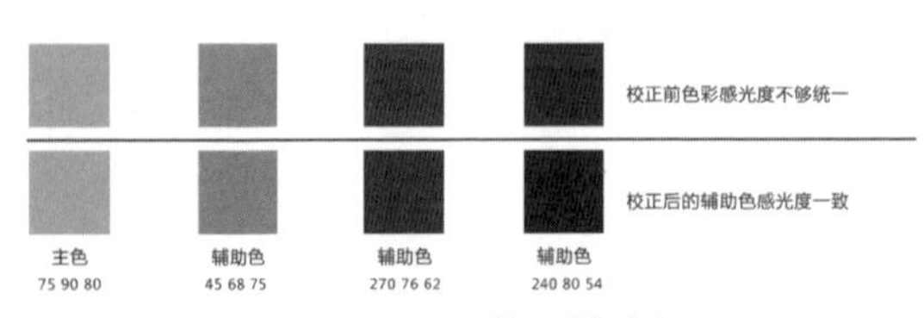

图 2-46　校正辅助色

补色的邻近色。近似色因与主色色调统一，缺乏对比，所以不适合应用在引导和区分信息的区域；而由于两个互补色的邻近色与主色色调对比强烈，但又不是主色的对抗色，因此，更适合引导用户视线，区分信息交互状态。以下以 HSB 值为 75、90、80 的主色为例讲解如何主色定义辅助色。

第一步：确定主色（图 2-43）。

第二步：通过改变饱和度和明度值可以找到同类色作为辅助色（图 2-44）。

第三步：在色环中，选择与主色色相值距离 30°的近似色作为辅助色，继续选择与互补色相邻 15°的两个色彩作为辅助色（图 2-45）。

第四步：视觉校正，定义辅助色完成（图 2-46）。

（4）给文字、线条及背景应用中性色

中性色是页面中文字、线条及背景等元素所用到的颜色，它们承担表现基本的层次、便于阅读的重任（图 2-47）。主色与辅助色决定了页面的色彩视觉感染力，而中性色影响到页面能否正常阅读。中性色并不是特指黑、白、灰，尤其不建议

直接用纯黑色，而是指任意色相下的低饱和度色，位于拾色器的左侧。中性色的配置主要依据于色彩的 B（明度）值，一般来讲正文与标题文字的 B（明度）值不大于 20，备注和次要文字的 B（明度）值不大于 50，线框、背景的色彩与文字相统一。

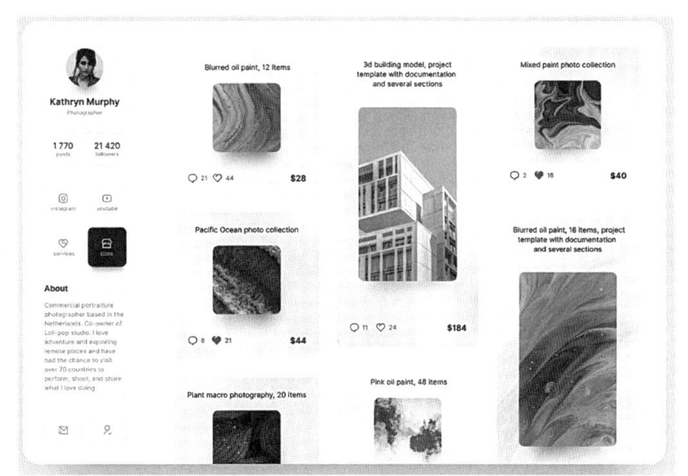

图 2-47 **背景与文字使用中性色**①
设计：Shakuro

（二）数字交互媒介设计中的版式设计原则

版式是页面设计的核心。如果说图片、文字、色彩是结构部件的话，那么版式就是组合结构部件的载体，是所有部件元素最终的整合面貌。好的版式设计能使页面中的各个要素最大限度地发挥出各自的功能和特点，能使页面的内容信息得到更准确的传达，还可以使页面的视觉效果更加具有艺术性。随着主流媒介形态从传统纸媒过渡到数字媒介，页面尺寸从多样的纸张转为尺寸相对固定的屏幕，版式设计的原则与方法也在调整和改变以适应介质改变后所产生的新的要求。

1. 数字交互媒介页面版式与传统平面版式的差异

总体来看，同为版式设计，传统平面版式与数字交互媒介页面版式在原理上是一致的，比如视觉效果、内容呈现等，但介质空间与受众接受习惯的差异使数字交互媒介页面版式具有其独特之处（图 2-48）。

---

① 图片来源于 https://dribble.com/.

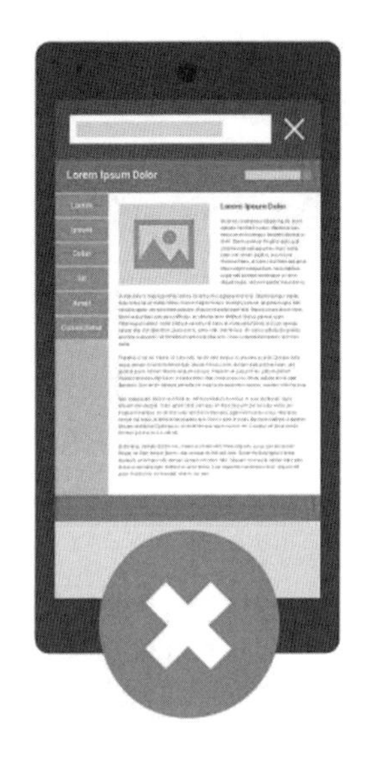

图 2-48 屏幕版式与纸质版式的差异

（1）内容信息层级差异

通常传统平面版式中一个页面内的信息是一致的，用户接受信息较为纯粹，不会受到干扰。而在非线性叙事的数字交互媒介中，在很多情况下，一个页面上经常会安排多个层级和类别的信息。用户点击不同层级区域时又进入相对应的层级板块。多样性的信息层级容易导致用户阅读混淆和操作错误，所以设计数字交互媒介页面的版式时首先应考虑的是信息层级分类清晰，然后考虑视觉美感。

（2）功能性差异

数字交互媒介的互动性特征使得页面版式不再是传统平面设计的静态版式，而是具有功能性特征的页面版式。功能性主要体现在页面除了传达信息之外，还需要承载交互功能和操作功能，比如用户可以在屏幕上进行点击、滑动、拖动等互动行为。功能性决定了用户体验的好或者坏，所以数字交互媒介页面的版式需要凸显其功能性。

（3）阅读效率差异

传统平面页面内容相对固定。受众面对纸媒时在阅读时长、深度、节奏等方面的习惯特征给予设计师在版式设计上更大的发挥空间。而新媒体环境下的阅读通常是浅层阅读，节奏也很快，所以在有限的相对固定的屏幕尺寸内排版时必须考虑受众的阅读效率，版式应更加紧凑，结构需更加清晰，内容要更加精简。

2. 数字交互媒介页面版式的常见布局样式

不同的布局样式有其各自的优点。选择什么样的布局样式应根据内容来决定，最终的目的是提升信息的传递效率，但应避免为迎合设计趋势而跟风。总体来说，数字交互媒介页面版式布局有以下三种样式。

（1）卡片式布局

卡片式设计模拟真实世界的纸张卡片，将屏幕划分成一块块卡片。每一块卡片承载一类信息。卡片式设计能更充分利用空间，通过堆叠的方式将内容整合在一块卡片上，使版式更整洁。这种区域划分的方式容易区分不同类型的内容（图 2-49）。

图 2-49　卡片式布局

（2）分割线式布局

分割线用来分隔不同类型的内容，可以帮助用户快速理解页面的结构层次，使版面更有组织性、条理性。通常分割线有全出血式和内嵌式。分割线的粗细和明度要做到微妙，不应突出。全出血式分割线横向贯穿页面，使不同的内容更加独立；内嵌式分割线在两端留有一个缺口，适合有关联的内容的分隔（2-50）。

图 2-50　分割线式布局

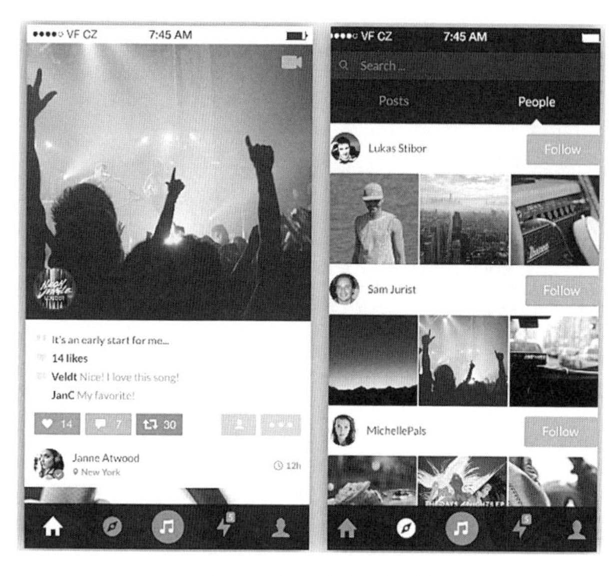

图 2-51　无框式布局①
设计：Michal Langmajer

(3) 无框式布局

无框式布局是去除分割线，用间距来划分内容的布局方式，近年来较为流行。无框式布局更显高级、大方、时尚。图片在这种布局中很重要，因为图片可以起到分隔空间的作用。无框式布局适用于文字内容较少、图片较多且有规律性的页面（图 2-51）。

3. 数字交互媒介页面版式的设计方法

在具体的设计方法层面，传统平面设计版式原理同样适用。同时，数字交互媒介页面版式也具备自身的设计原理和法则，在借鉴传统版式原理时也需要遵循自身的设计方法论。

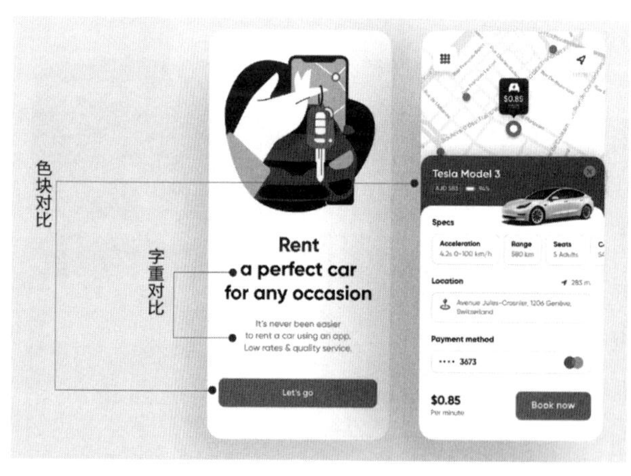

图 2-52　字重对比和色块重量对比②
设计：Shakuro

(1) 重量对比与面积对比

重量对比主要表现为字重对比和色块重量对比。字重对比指的是通过改变字体的粗细和明度来调节画面的对比。字体越粗、颜色越深，则重量感越重。色块重量对比指通过色彩的纯度和明度来调节画面的重量。色块或者图片越暗、越鲜艳则重量感越重（图 2-52）。

---

① 图片来源于 https：//dribble.com/michallangmajer.
② 图片来源于 https：//dribble. com/.
③ 图片来源于 https：//dribble.com/.

面积对比主要体现在留白上，留白的目的是通过面积对比来营造出一种空间与距离感，使用户感到自然与舒适（图 2-53）。留白常用于首页的版式设计。首页决定了应用或者作品与用户见面时的第一眼感受，通过留白可以减轻页面对用户的压迫感，为用户营造轻松的氛围。

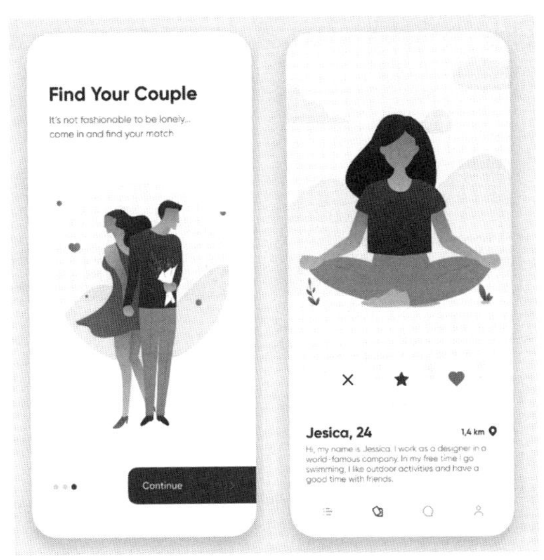

图 2-53　留白①
设计：Vadim Marchenko

留白还常用于产品或者重要内容的展示页，以减少页面中的干扰因素使内容突出，让用户快速聚焦到产品信息本身。

（2）重复列表与模块分割

重复列表与模块分割是为了使页面形成统一，通常应用在首页之后的信息展示页和操作页。画面元素的组合具有统一性、条理性特征时可以使用户更加流畅自然地接收信息，从而提升阅读效率，降低用户的阅读难度。重复列表与模块分割通常使用卡片、分割线或者板块间隔的方式来实现，比如常见的瀑布流、标签、列表等布局（图 2-54）。

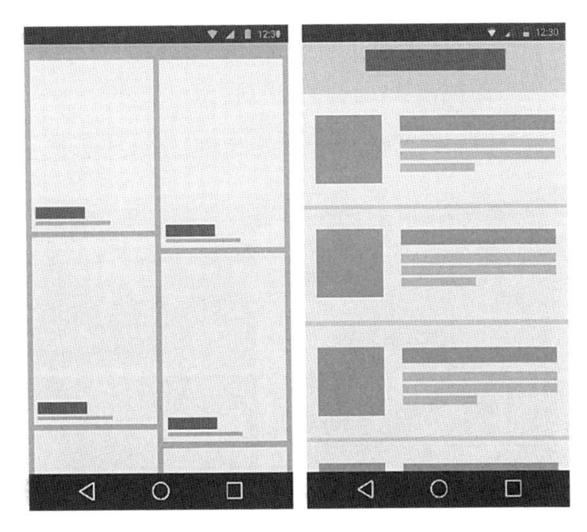

图 2-54　重复列表与模块分割

（3）亲密性与相似性原则

亲密性指的是相同或者相关的信息与元素在页面中一定是相邻或靠近

① 图片来源于 https：//dribble.com/.

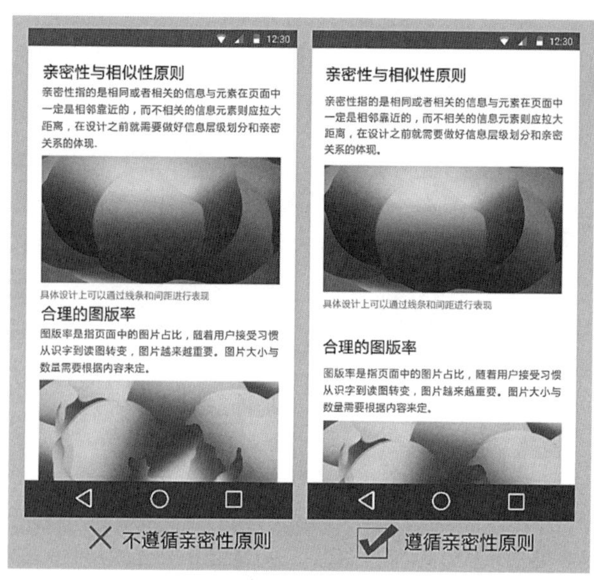

图 2-55 亲密性原则

的，而不相关的信息元素应拉大距离。我们在设计之前就需要做好信息层级划分和亲密关系的体现，在具体设计上可以通过线条进行分隔，也可以通过间距进行表现（图 2-55）。

相似性指的是视觉特征相似或者功能相似、涉及领域项目相似等。面对相似性的信息元素，如果内容上是一致的，那么外观就应保持一致；反之，就应拉开差距，但是相似不等于相同，在一致性的前提下还需要做到一致性下的差异化。

（4）合理的图版率

图版率是指页面中的图片占比。随着用户接受习惯从识字到读图转变，图片越来越重要。图片大小与数量需要根据内容来定，通常来说，提升图版率、多用大图、减少文字会给人一种更大方、高级的感觉。但过多的图片会显得臃肿，使用户产生视觉疲劳（图 2-56）。

图 2-56 图版率

（5）处理好视觉心理

在数字交互媒介页面版式中常见的视觉心理处理有两个方面：一是方角与圆角的处理（图 2-57）；二是渐变

与蒙层的应用。

在手机界面中，圆角通常比方角更显柔和、亲切。在一些背景色块、板块样式、用户头像等区域采用圆角的柔和处理更容易让人接受，而在图片展示上采用方角能更完整全面地展示效果。

图 2-57　方角与圆角的处理

渐变适当应用在背景可以避免画面单调。蒙层通常应用在文字与图片重叠的画面。通过蒙层控制色调与明度，可以使图片与文字形成对比。明亮的色调能减轻对用户的压迫感，使用户感觉轻松，而使用更暗的色调可以使画面更稳重。

第三节　动态影像与虚拟影像

曾几何时，我们感叹人们的阅读进入了读图时代。在当下的移动互联网时代，人们早已不满足读图，而是进入了观看视频的时代。各类短视频充斥在各种社交媒体和 App 中，占据了人们大量的阅读时间。所以，一个完整的数字交互媒介设计作品中不仅具有常规的图、文、色彩、版式平面视觉元素，还包括动态影像和虚拟影像元素。这是新媒介技术发展的结果。我们在纸张中无法实现的传播效果，比如纸张无法播放视频，在数字媒介端却是基本功能。动态影像有别于平面静止的图像，它是具有时间性、动态性和连续性的影像叙事特征，包含实拍的视频、电脑制作的动画和虚拟影像。需要指出的是，在数字交互媒介设计中，我们不是要利用数字交互媒介来制作动态影像和虚拟影像，也不是要在媒介上播放这些影像元素，而是要在数字交互媒介上应用这些元素，将这些影像整合成交互叙事中的一部分。

一、播放型影像

影响视频影像在数字交互媒介设计中的效果的关键因素是时长和内容。

（一）短视频是主流

首先，在数字交互媒介设计中，媒介不是视频播放器，视频只是内容传播的一部分，播放时间过长会影响主题内容的表达。其次，过长的视频会导致用户观看疲劳。最后，技术决定了在移动媒介端的视频时间不宜过长，比如后台时间的加载、软硬件设备因素等。目前主流的短视频传播平台对视频时长通常都控制在一分钟以内。微信短视频号和抖音视频虽然开通了时长更长的功能权限，但绝大多数视频都控制在 30 秒至 1 分钟。

（二）内容为王

我们可以看到，在移动端媒介中，传播效果好的视频其制作技术不一定是精良的，但内容一定是优质的、有吸引力的。内容是影响传播效果的核心要素。在媒介技术发展以来，各种传播手段和途径层出不穷，各自技术设备不断更新，但最终我们发现优质的内容才是最重要的，只有内容优质才能避免用户流失。在视频影像泛滥的时代，移动媒介端的视频能不能在 20 秒内抓住用户是关键，所以我们需要改变传统视频制作方法，在叙事节奏上减少过多的铺垫，快速准确地表达内容主题。

二、互动视频

（一）互动视频及平台介绍

互动视频是一种观众参与型的视频，观看者可以在观看过程中选择不同的叙事路线进入剧情，从而获得不同的结果，因此，也有人称互动视频使观众成了主角，观看不再是被动接受剧情，而是可以选择结果。互动视频较早的代表作品是电影《黑镜・潘达斯奈基》(图 2-58)。这部电影较为系统地尝试了互动视频的技术与叙事模式。观众可以选择 12 个不同结局，交互总时长达 320 分钟，但因为形式大于内容，最终观影体验并不理想。

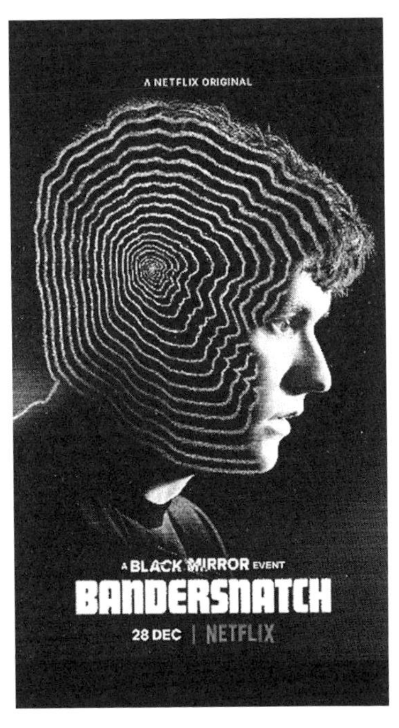

图 2-58 电影《黑镜・潘达斯奈基》海报①

近年来国内互动视频的发展较为迅速。2019 年 B 站、腾讯视频、爱奇艺先后推出互动视频平台，争夺互动视频领域流量。腾讯视频在其互动视频创作平台制定了一系列完整的规范和流程，包括制作技术、创作指南、设计指南等内容。相比爱奇艺和腾讯视频，B 站给予创作者发挥的空间更大一些，在 B 站上常见的互动视频有养成、冒险、解密等多种类型，在风格题材上有搞怪、游戏、实用、影视剧二次加工等。

（二）互动视频特征

互动视频的特征主要表现在多线性叙事、观众参与性和趣味性上。

1. 多线性叙事

传统的视频叙事是单线的，剧情发展和结局只有一条线，而互动视频的叙事是多线的，剧情通常有多个走向和分支节点，不同的走向和分支会有不同的结局。

2. 观众参与性

剧情的发展与观众的选择息息相关，这也是互动视频的关键，只有观众具备选择性的视频才可以被称作互动视频。当然互动视频赋予观众的选项是预设的，不存在无穷的选项。

① 图片来源于 https://movie.douban.com/subject/30414462/.

图 2-59 互动视频《高考模拟器》①
作者：TUO 图欧君

3. 趣味性

趣味性是基于选择互动而产生的。互动视频可以设计多种互动方式，比如简单的有点击选择，也有道具线索之类的玩法。各式各样的互动玩法为观众增添了趣味性，提升了观众的观影体验（图 2-59）。

（三）互动视频制作要求

从拍摄技巧、制作技术等层面来讨论互动视频制作是错误的。传统视频拍摄制作技术都可以沿用至互动视频，但这些不是互动视频的关键。我们可以看到 B 站很多 UP 主的互动视频点击次数达到几百万次。他们凭借的不是传统视频拍摄制作能力，而是掌握了互动视频的关键特征。

1. 多线性交互叙事

互动视频制作首先要设定好多个分支，为每个分支拍摄制作对应的情节，形成多线性叙事结构，比如 B 站的要求是分支不少于三个。另外，情节分支并不是越多越好，而是要能独立成立。当支线场次增多时，拍摄工作、后期工作都会更加复杂，所以支线要与主线衔接，以保证叙事的合理性。

2. 避免为互动而互动

因为互动参与性是互动视频的重要特征，所以互动视频的制作容易陷入为了互动而设置互动的圈套。互动节点、互动形式应该服务于叙事，需要做到精准自然，对剧情发展有价值，而不是刻意表面的设计互动。

① 图片来源于 https：//www.bilibili.com/video/av285659099/.

3. 仍然是内容为王

与前文短视频制作要求一样，内容永远优先于形式，电影《黑镜・潘达斯奈基》的不足就是形式大于内容。我们可以看到 B 站上点击观看量很大的互动视频都在内容题材上足够吸引人，比如测试型、幽默搞笑型、话题型等尤其受欢迎。

三、虚拟影像

数字时代的到来使计算机处理影像的技术越来越成熟。影像元素可以被计算机重新编译创造出在真实世界中不存在的真实感，或者利用数字媒介设备来模拟真实，为观众创造真实感体验。这种通过计算机模拟再造出来的真实感影像即虚拟影像。

（一）虚拟影像的特征

1. 模拟性

虚拟影像不是拍摄影像，但与真实世界有紧密联系，它具备了真实世界的特征，是对真实世界的模拟，但又超越了我们理解的真实，甚至比真实世界更生动，更有吸引力。

2. 数字再造

虚拟影像是在模拟真实之后所创造出来的虚拟性的真实图景。这种图景是通过数字技术再造出来的，而不是真实存在于物理世界的。

3. 影像感知的虚拟性

从观众角度来看，虚拟性影像借由数字交互媒介为观众提供了新的观看模式和观看体验，使观众将感知置于一个虚拟空间，在这个空间内与影像进行互动，甚至这种互动也是虚拟的。观众在一个虚拟化的行为过程中体验真实的感受。

（二）虚拟影像的应用

目前我们常见的虚拟影像应用有舞台设计、VR（虚拟现实）与 AR（增强现实）。VR 中的虚拟影像向观众呈现了模拟的真实世界，将观众带入虚拟空间，比如游戏虚拟空间等。AR 则是将虚拟影像与物理世界的客观存在相融合，创造出亦真亦幻的时空。在舞台设计领域虚拟影像常用于舞美影像设计，通过立体投影、交互引擎实时渲染等技术制造绚丽的舞台视觉奇观。2020 年浙江卫视苏宁易购晚会的舞台设计中大量运用了 AR、VR 技术，打破屏幕与舞台的界线，为观众带来了奇幻的视听体验（图 2-60）。

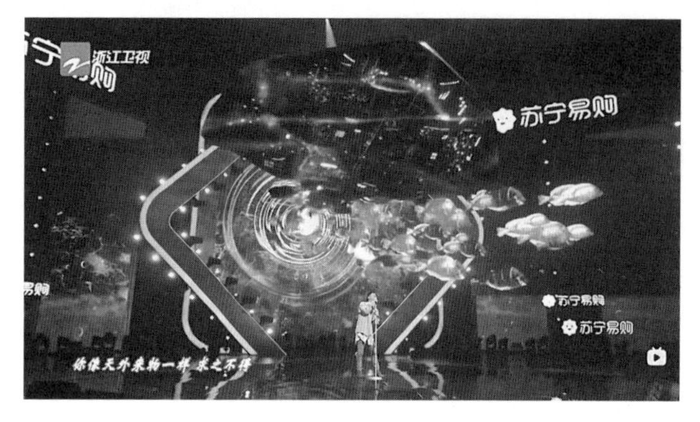

图 2-60 AR 虚拟影像在舞台设计中的应用
（2020 年浙江卫视苏宁易购晚会场景）①

除此之外，虚拟角色也常见于舞台设计，比如大家熟知的虚拟偶像“洛天依”近年来频频出现在各大舞台，与歌手同台表演，给观众带来全新的视听体验，成为国内最具人气的虚拟偶像歌手（图 2-61）。

图 2-61 虚拟偶像“洛天依”
（2019 年江苏卫视跨年演唱会场景）②

第四节 基于算法生成的图像

近年来，基于计算机编程的生成图像在艺术、商业等领域被广泛应用，其中体现的算法之美被更多的人接受和喜欢。算法生成图像是计算机文化下产生的一种图像类型，是计算机技术与视觉设计融合的结果。设计

① 图片截屏于 https：//www.bilibili.com/video/av801165432/.
② 图片截屏于 https：//www.bilibili.com/video/av39718511/.

师和程序师以代码为媒介，通过计算机编程语言、算法创作出多种非物质世界形态的、虚拟的图像。简单来讲，算法生成图像就是数学+编程所创造的图像（图 2-62、图 2-63）。

图 2-62 由 Why MathImageViewer 工具生成的图像

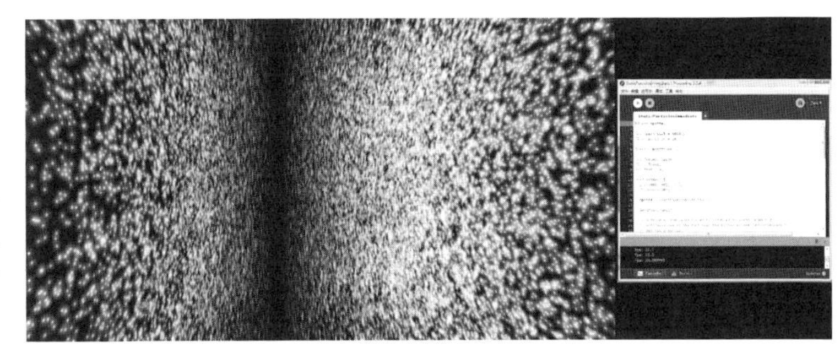

图 2-63 由 Processing 工具生成的图像及生成这个图像的代码

一、算法生成图像的特征

（一）非物质性

算法生成图像的非物质性特征是由图像创作方式决定的。这类图像产生于代码语言，是数字算法的结果，这与来自物理世界的图像有本质的区别。

（二）抽象性

因为算法生成图像的形成来自字符代码，所以图像的形态是抽象的，通常表现为纯粹的几何形、粒子、噪点、光影等形态。抽象的图像具有普世的美感，使受众能够直接感受到图像纯粹的形式美感，不需要太深的文化审美背景去理解图像背后的意义，所以对于受众来说更易于接受。

（三）模拟性

通过计算机与自然的结合，程序可以模仿自然界的表达，从而生成具有模仿性的图像，比如模仿生长、模仿自然物质的形态，但模仿性的图像也是通过抽象符号形成的。

（四）不确定性

算法生成图像的创造赋予了计算机的自主性。程序师设计了一定的规则后，计算机将自由发挥处理，最后生成的结果是程序师无法预料的，并且一个算法也可能得到不同的结果。这种随机性和不确定性是算法生成图像的特征，也是其魅力所在。

二、算法生成图像的应用

（一）数字媒体艺术领域

数字媒体艺术产生的背景是当代社会被数字技术形塑，数字信息与媒介符号成为构建社会的重要元素，也成为社会生活的经验表征和基础语境。数字媒体艺术的创作以数码技术及计算机技术为主导，具有机械化、电子化、数字化的特征，所以从创作基础来看，数字媒体艺术和算法生成图像的创作是有共同之处的，都与计算机技术有紧密关系。

数字媒体艺术的审美体验是一种多重感官、立体、刺激的多元体验，而算法生成图像与生俱有的奇幻、抽象、不确定性的算法美感与数字媒体艺术的审美诉求完美契合，所以算法生成图像被广泛应用于数字媒体艺术创作。比较有代表性的团队如日本的 TeamLab，TeamLab 在他们的创作理念中提出数字技术是核心，数字技术扩张了美，使美从物质世界中释放，也使创作思维空间与作品的物理空间更大、更自由多变。在他们的作品中，算法生成图像是作品视觉形态的主要组成部分。大量的粒子系统、光影系统、自然世界的数字模仿等生成图像将观众带入一个超越自然的奇幻世界（图 2-64）。

图 2-64 TeamLab 作品①

（二）商业应用与公共艺术应用

商业应用主要体现在品牌传播活动比如新媒体广告中。数字时代的品牌传播在创意、渠道、媒介、终端、制作等各个层面上都已经发生颠覆性的改变。这种改变来自各种新技术，包括新材料、感应器、互动识别、媒介传播技术等。技术改变了创意的起点、创意的决策及创意的表达，而创意的表达包含视觉呈现，比如新媒体广告的视觉形态。新媒体广告的视觉元素在传统的文字图片、影像拍摄的基础上大量融入了算法生成图像，将品牌的展陈设计和广告设计表现形式融入特定的场景空间，利用算法生成图像的普世性美感与新奇性特点同受众展开互动，实现品牌传播的更大价值。公共艺术应用算法图像目前较为流行的是城市公共空间立体投影艺术。这种艺术形式改变了传统的雕塑、壁画等静态的具体的创作表现形式，采用了投影技术，将动态抽象的图像与静态现实的环境巧妙融合在一起，为观众创造出美轮美奂的视觉奇观（图 2-65）。

图 2-65 德布勒森大学建筑投影秀②
MAXIN10SITY 公司作品

① 图片来源于 https：//art.team-lab.cn/.

② 图片来源于 https：//www.bilibili.com/video/av16987287.

第五节　环境与空间

在数字交互媒介设计语言体系中，除了图片、文字、色彩、影像等常规要素之外，环境与空间也是其中的重要内容。空间环境之所以成为设计语言体系的重要元素，是因为数字交互媒介类型中的线下互动装置是基于环境空间展开叙事的。当我们依托一个空间创作一个数字交互媒介作品并把它置于这个空间时，作品与环境空间就会形成互为依存的关系。离开既定空间，作品的诉求价值就会被削弱甚至不成立。不仅如此，特定的空间还能使作品具有公共性语境。所以这类作品强调在场性，环境空间对这类作品的意义非常重要。线下数字交互媒介装置所依附或者介入的空间类型包括商业空间、公共空间及围绕作品特征进行再造的空间。

一、商业空间

商业空间因它的商业属性而体现出娱乐和消费的特点。在商业空间内进行的数字交互媒介设计活动通常是以品牌传播为主的商业性传播设计。如何吸引消费者进入交互媒介并与其进行互动是设计的重心。从环境角度来看，通常空间的人流动线、面积和地点位置是影响互动效果的主要因素。比如：商业空间内主要过道的墙面适合设置肢体感应类的交互媒介作品，消费者经过时就能与作品进行互动；中庭大空间适合设置行为动作参与类的互动装置，可以满足消费者互动时的空间需求。

二、公共空间

公共空间是指建筑实体内外的开放空间体，它承载着一个地区的历史文化内涵和面貌，是构成一个地区的框架，向公众开放、供公众活动的空间。公共空间主要包括城市街道、广场等开放空间和公共建筑内的馆所、交通等室内空间，具有交往、娱乐、展示、教化、节庆等多种功能。基于以上的特点与功能，公共空间内的数字交互装置作品与受众之间的互动能形成更好的效果，所以作品内容主题的传播价值也更深刻。在户外开放性公共空间中，广场、楼体墙面是数字交互装置常设的区域。楼体的大体量与广场的大空间、大人流量是形成互动效果的重要因素。在室内公共空间中，交通区域比如地铁、车站、机场也是数字交互装置的偏好场景。还有各类专业的展馆空间，在展示设计上已经大量运用数字交互技术与观众进行互动，发展出新的数字交互展陈形态。

三、空间营造

事实上任何空间都有可能和数字交互装置作品相结合。除了特定的商业空间和公共空间外，设计者可以对其他各类空间进行再造，从而使空间环境和作品融合。

通常商业空间与公共空间不需要做过多的改变处理就可以直接应用在交互媒介作品中，比如楼体、墙面、地面等，而空间营造需要对空间进行设计处理，以符合作品表达和交互叙事的展开。比较常见的处理方法是将空间做密闭黑暗处理，通过降低空间的明度来凸显作品的视听要素，使受众沉浸在营造的氛围中。这种空间营造方法常用于投幕类互动作品中，易于形成沉浸感。

第三章
主题内容的叙事方法与用户体验设计

内容是传播设计的核心。虽然数字交互媒介在媒介形态上和人机交互行为中给予用户更多的新奇感，但是这些始终只是手段和形式。如果数字交互媒介设计的焦点只停留在手段和形式上，那么将会导致设计陷入娱乐范畴，而失去了信息传播的本质和目的，因此，我们也常听到“内容为王”的口号。那么在数字交互媒介设计中如何进行主题内容的创意策划?我们需要转换传统大众媒介时代的创意策划思维，建立起符合数字传播时代的思维模式，把握交互媒介的内容叙事方法，更合理有效地与人们讲故事、说道理。同时我们也能看到不是所有的故事和道理都能打动受众，所以我们的设计必须始终围绕用户，从视听设计、交互逻辑、内容创意等多个方面出发为用户提供优质的体验。

第一节 内容创意策划的思维方法

数字交互媒介是在移动互联网、感应捕捉、VR 与 AR 等各种新技术发展的基础上形成的媒介形式，基于数字交互媒介的传播设计在信息呈现或叙事方式上与传统基于大众媒介的设计有很大不同，技术的发展使传播设计更加注重在叙事过程中用户与媒介的双向互动与反应。所以在数字交互媒介设计体系中，内容的创意策划必须因技术的迭代而转换，建立起场景化思维，形成体系化的策划理念。

一、技术改变创意模式

进入数字时代，技术成为数字交互媒介设计体系的基础和核心。整个设计环节都离不开且必须围绕着技术展开。在数字交互媒介设计体系的技术范畴中，技术涵盖了新的传播媒介技术、新材料设备技术、新的设计表现技术等。层出不穷的各类新技术极大地改变了传统的内容创意与策划思维模式，因此，在数字时代我们必须围绕新技术转变传统的创意策划模式。

（一）技术改变了创意的起点：调查

创意策划首先需要对受众、传播主体、环境等各方面做综合的调查分析，在分析结果的基础上展开。随着大数据等移动互联网技术的发展，设计的前期调研工作变得更加准确和智能化。新技术背景下的前期调研方式使我们在创意策划环节能具有更强的针对性和合理性。

（二）技术提升了创意的表达：制作表现

在设计领域中，技术决定了我们能实现什么样的创意，同时也为我们的创意策划提供了更大的发挥空间。比如 VR、MR（混合现实）技术让我们实现了虚拟影像与现实世界的融合，感应器技术使信息的传达更具互动性，投幕技术使影像呈现更加新奇、震撼等，所以有了技术的支撑，我们的创意边界将进一步扩大。

（三）技术改变了创意的传播与反馈：媒介渠道和效果评估

传统的纸媒、广播电视等传播渠道在新媒体环境下逐步式微。移动互联网技术使内容创意得到更即时、广泛的传播效果。同时新媒体技术既具备快速准确的用户信息反馈分析能力，又能使传播主体获得更全面的效果评估，所以传播媒介技术的变革使我们必须思考内容创意与新媒体技术的关系及与新媒体环境下受众接收信息方式的关系。

二、建立场景化思维

场景是移动互联网时代的产物。移动传播下的场景不是简单的某个具体空间位置，而是由特定时间、环境、情感心理及用户需求所构成的特定情境。在移动互联网时代，场景首先成了信息接收的新入口，比如当我们处在特定空间和特定需求的情境下时，我们会选择接收与这个情境相匹配的信息，而忽略与情境无关的内容，所以信息传播的策划要匹配对应用户的场景需求来展开才有价值。

其次，场景将成为用户与信息的连接点。大数据与移动定位等技术可以捕捉用户所处的特定场景与特定需求，通过对用户画像的深入洞察与数据分析，挖掘和判断用户的偏好，从而实现用户与信息的深度连接。

再次，场景重构社群关系。当基于场景的传播具备一种共同价值观倾向，且用户对这个场景倡导的价值观有情感共鸣时，场景便会成为用户社交关系的新入口。社群关系是形成用户分享的重要因素。社群的凝聚力与分享力会引发话题和口碑，带动更多用户进入，形成大规模的内容传播和用户参与。

从以上分析可以看出，在当下碎片化、移动化的传播环境下的创意策划应该具备场景化思维，尤其是商业性的传播策划更需要从用户所处场景出发，才能满足用户在特定情境下的信息与服务需求。我们在数字交互媒介设计的策划过程中需要考虑以下两个方面：

（一）用户与交互媒介作品所处空间环境

对特定空间的分析包含分析用户所处空间和分析作品本身所置空间。人与媒介的互动是发生在具体时空情境中的，不同的空间环境下的用户对待互动行为的态度也是有差异的。比如地铁、机场空间虽然人流量大，但人们能停留下参与互动的时间很短，所以交互的形式必须直接、直观（图3-1）。商场类休闲消费娱乐空间则相反，设计师可以使作品的交互形式更加丰富多样，吸引消费者参与。

图3-1 归鸟集①
作者：费俊

（二）用户在特定情境下的需求

用户所处空间具有流动性。用户在不同的地理位置有不同的需求。比如在家里、办公区域、公共区域，用户选择接收的信息有很大的区别，我

① 图片来源于 https://www.sohu.com/a/343598697_407290.位于北京大兴国际机场二层，屏幕内图像可根据旅客流动而变化.

们的策划不可能满足所有空间的需求。另外，不同情境对用户情感心理的影响也是有差异的，情绪心理也决定了用户对信息的选择。所以针对用户，我们的策划需要充分考虑在特定情境下的需求。这个需求不仅是直接的使用需求，还包括心理上的需求。

图 3-2 网易云音乐在酒店场景的应用①

例如，网易云音乐在泛音乐功能上挖掘移动音乐多元化视听场景，包括运动场景、车载场景、家庭场景等，在多元化视听场景的应用上充分提升了用户黏度（图 3-2）。

三、体系化的策划理念

数字交互媒介设计是人与环境、交互媒介、信息之间的对话，超越了传统仅以传达信息为目的的传播设计，要求构建一个传播体系和价值系统。这个体系包含内容、形式、体验、服务、社会性、反馈等，因此，我们在策划过程中需要具备体系化的思维。体系化的策划需要设计者思考多个层面的关系，主要体现在以下几点。

（一）媒介技术

传播首先要考虑媒介。数字交互媒介设计不是传统意义上的某种具体的作品设计，其所运用的媒介也不是某种单一的媒介类型。比如传统的公益传播、广告设计等，在策划过程中需要考虑到的是纸媒、电视媒体或者户外媒体这类较为具体单一的媒介，而数字交互媒介技术下的传播需要设计者在策划时思考跨媒介、多设备的新媒体技术。跨媒介涉及线上与线下

---

① 图片来源于 https://www.163.com/dy/article/EBV8QEOK0518B6H3.html.

及两者间的互联，多设备则需要设计者考虑不同的屏的自适应与转换，以及材料与技术的创新运用等。

（二）呈现形态

呈现形态包含两个方面：一是视听呈现，二是交互形式。前者可以归为艺术设计范畴，后者可以归为程序设计范畴。通常一则纪录片或者一幅招贴设计作品给受众带来的只是视听上的体验，而数字交互媒介设计不仅在视听表现上具有更丰富的层次，更重要的是，不同作品中的各类交互形式还能带给受众更强的体验感。因此，作品的呈现形态需要从视觉、听觉、触觉（互动）三个层面出发进行设计。

（三）公共性议题

公共性议题是数字交互媒介设计在策划阶段需要着重思考的内容。传统的传播设计涉及公共性议题的较少或者较低。交互媒介作品引发公共议题的原因主要归于技术。技术引发话题源自新媒体传播技术和数字交互技术。新媒体在传播时间和空间上给予作品最大限度的拓展，尤其是新媒体社交属性使作品能快速被讨论并形成话题。数字交互技术给用户带来了更多的新奇感，促使用户积极主动参与作品的叙事。用户参与的数量和频率都可以形成口碑，从而成为公共议题。因此，我们在数字交互媒介设计策划阶段应该思考哪种交互形式更契合内容的表达，以及什么样的交互技术更具吸引力，同时思考如何更好地利用新媒体传播技术及什么样的内容能够引发用户的转发讨论，更要注意正确的价值观导向。

第二节　主题内容的叙事原则与方法

数字交互媒介设计中的内容叙事属于交互叙事。交互叙事融合了文本与影像的叙事特征，既具有文字、图形要素，又包含视频、音频类动态要素。与电影、文学叙事相比，交互叙事的叙事时空与结构更加多元化。在数字交互媒介设计中我们需要理解交互叙事的一般原则与方法，使内容的表达更契合交互媒介的叙事逻辑，实现更好的传播效果。

一、交互叙事原则

（一）信息内容的简化原则

内容简化不等于内容简单，而是要求将复杂的信息梳理成主干关键信息，安排好内容的优先等级，弱化甚至减少次要内容。交互媒介的叙事不像传统的电影或者文学可以进行冗长的叙述，应该直接简洁，突出重要的信息，用更多的界面资源叙述主干内容，清晰明了地向受众传递信息。

（二）叙事结构多元化原则

交互媒介的叙事结构是多元化的，它既有文学电影类的线性的结构，又有网络游戏类的非线性结构，还可以是线性与非线性结构的结合形成一种并置复合型的结果。在交互叙事结构中，内容可以采用连续、发展、完整的结构，但更多采用的是开放发散的结构。内容可以置于平行并列的结构空间，在不同的空间中可以形成不同的结果。用户的交互行为是随机和开放的。用户可以选择任意一个空间层级进行互动，或者可以返回，重新选择新的层级继续展开互动。这样的叙事结构使交互行为的结果具备了不确定性和多样性。这点在虚拟现实技术中表现得较为突出，比如观众在VR电影中可以选择不同的视角观看，但是其他视角的叙事不会因观众的选择而停止，所以观众会错过其他内容，或者观众还可以换一个视角重新观看同一部影片而获得不同的结果。简单的如在手机媒介交互中，用户点击不同的指示按钮时所得到的结果也不一样。

（三）叙事节奏渐进性原则

尽管交互叙事是复合型的，但在每一个平行层级的叙事中仍要设计好在这个层级下的叙事节奏。因为交互叙事的内容是简化梳理过的，次要冗余的内容已被弱化，所以叙事的节奏需要把握好渐进性原则，避免简单直白。设计者在互动过程中要设计好铺垫引导的方式与故事高潮的节点，将用户吸引绑定在叙事框架中。

（四）主客体身份非确定性原则

大众传播时代传播主体与受众之间的身份是明确的，受众即客体。在文本和影像的叙事中受众的身份是固定的、被动的，而在交互媒介的叙事结构中，传播者、作品与受众一起构建了作品。虽然传播者是内容的叙述者、交互形式的设定者，但是如果缺少用户的参与，那么作品的叙事将缺乏完整性，换句话说，交互媒介下的主客体身份是非确定性的，交互叙事是一种主客体双向参与构建的过程，客体的参与使其客体身份变得模糊，甚至成为叙事的主体。所以给用户设计安排足够的参与叙事空间是交互媒介设计的关键。如果用户在作品中的参与空间太小，那么这个作品就不具备交互媒介的叙事特征，也就不能被认为是交互媒介作品。

二、主题内容的叙事方法

（一）游戏任务

内容设计上采用游戏任务的叙事结构可以极大满足用户自我价值实现与能力展现的心理需求。将故事内容设计成游戏结构后，完成某阶段的任务成为情节发展的唯一途径。用户接收阅读内容转换成了用户完成任务。用户为了实现目标、获得某种结果必然会全身心投入游戏的结构与规则中。所以这种叙事方法互动性强、参与度高，能够极大地捆绑用户，增大用户的黏性。

法国 Contrex（康婷）矿泉水曾在广场上设计了一个互动装置广告。他们在广场安置了一排功率自行车。当人们不断踏踩自行车时，便会连接楼体的视频动画播放装置，引发行人们的极大兴趣。动画最受瞩目的结尾处会告诉大家："你刚刚消耗了 2 000 卡路里。"这个互动装置的成功之处在于通过游戏任务告知受众：回馈与结果由受众自己创造获得。在娱乐与游戏任务的互动中，人们不知不觉地参与了品牌主题内容的叙事（图 3-3）。

游戏任务型叙事方法在内容策划时如何将内容转换为游戏情节，并设计情节与任务及交互性三者的关系是关键。首先，游戏情节必须来源于主题内容，并紧扣主题内容。其次，任务设计应巧妙，难度级别应契合主题内容与受众群，任务层级结构应具有渐进性。再次，游戏互动的形式应清晰明了，让用户快速了解游戏规则、融入游戏互动中。

图 3-3　法国 Contrex 矿泉水互动装置①

（二）协同合作

两个及以上的用户一同参与互动叙事才可以称作协同合作，所以协同合作的叙事方法可以形成人-机、人-人的互动。因为协同合作的叙事方式有多人参与，所以更容易形成主题内容的分享。比如多个用户在各自手机上参与一个活动项目。这个项目既可以是共同合作性质的，又可以是竞赛性质的。参与者既可以是陌生人关系，又可以是熟人关系。在这个过程中的合作体验与合作结果都可以增加参与者的热议和讨论。如果合作任务设计得足够巧妙，那么参与者之间还能建立社交关系，对传播主题内容进行分享。

雀巢公司有一个优秀户外互动装置案例完美地诠释了协同合作的互动叙事手法。这个案例将两个装置分别安置在街道路口两侧。当两处的行人约定一起按下按钮时各自便能获得一杯咖啡。这个案例的巧妙之处在于咖啡不是随便能获取的，而是需要找到伙伴一起协同合作。尽管这个合作行为非常简单，却传达了团结、协作的理念（图 3-4）。

① 图片截屏于 https：//www.iqiyi.com/v_19rrhec2p4.html.

图 3-4　**雀巢咖啡互动装置** *instant connections*①

（三）利益驱动

利益驱动的关键在于精准和用户自我价值的实现与回报。利益驱动是商家吸引用户的常用手段。传统的利益驱动方式常见于折扣、优惠券赠予等直白形式，因为用户在这类方式中获得利益时缺乏实现自我价值的情感体验，同时获得的利益或许并不是用户所需要的，所以用户通常很容易将其忽略。但如果叙事中加入交互行为和任务要求，使用户必须在互动中达到某种要求后，才能在交互叙事的结尾端获得利益回报，那么这样获得的利益才能吸引用户，甚至被用户珍惜，这是因为用户在交互行为中感受到了自我价值的实现与回报。

图 3-5　**支付宝集五福**②

支付宝集五福的活动（图 3-5）每年春节

① 图片截屏于 https://v.qq.com/x/page/g0517x2ssp7.html.

② 图片来源于支付宝 App.

都在流行，虽然其中的套路已经被人们熟知，但是每年仍然有极其庞大的用户群体参与，其中最主要的原因就是利益驱动。尽管利益非常小，但因为利益的获取是有任务要求的，是用户在完成任务后的回报，所以用户仍然乐此不疲。

（四）情感诉求

以情感为主线的叙事通常以线性的方式展开，在交互性上略显薄弱，但情感表达尺度把握恰当、角度准确的情感叙事较容易感染和激发受众的情绪，让用户产生情感共鸣（图 3-6）。通常来说，情感的运用范畴有亲情、友情、爱情及家国情怀。针对不同的情感类型，传播主体需要找准对应的时机与受众群，针对特定的群体，在特殊的热点时段，选择恰当的情感类型融入传播主题内容，才能满足受众的情绪体验，获得受众的情感认同。

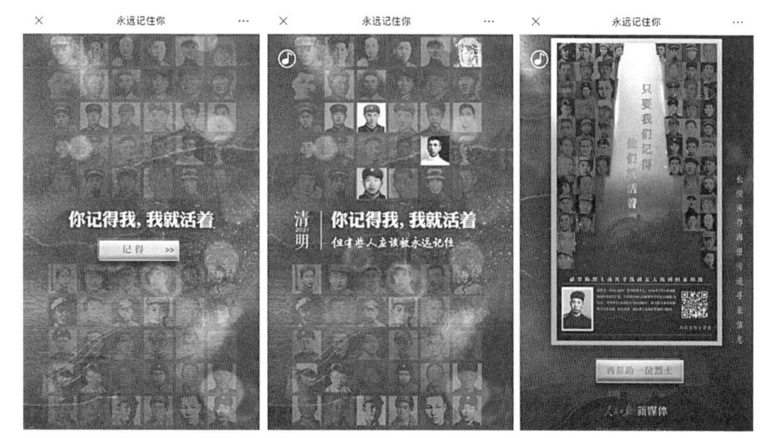

图 3-6　H5 作品《永远记住你》
出品方：《人民日报》

（五）情境浸入

当下用户与媒介接触行为时对媒介接触与期待聚焦于用户、产品、环境交织下的互动情景，信息传达的重心从结果转向了过程，媒介形态和信息表现模式正在经历一场技术转型。① 情境浸入的叙事方法指利用新技术

---

① 石慧．体验经济下新媒体广告情境优化策略研究［J］．出版广角，2018（22）：69-71.

为用户构建出现实与虚拟相融合的情境，使用户融入、沉浸到内容产生的新感知状态。情境浸入的叙事需要设计承载主题内容的虚拟场景，才能使用户沉浸到新技术带来的情境中。比如移动媒介端的 H5 互动场景及 VR、AR 体验场景等，通过智能、多样、新奇、趣味的互动情境刺激用户感知，进而引发持续注意与深度浸入。

百事可乐在公交站台做过一个 AR 作品。在此站台候车的乘客透过玻璃可以看到外星飞船、怪兽等奇幻影像，并且这些影像与现实环境结合得极为真实。乘客无不被 AR 技术构建的虚拟与现实相结合的情境吸引（图 3-7）。

图 3-7　百事可乐互动装置 *unbelievable bus shelter*①

（六）娱乐化策略

娱乐与狂欢是当下互联网生态的特征之一。娱乐包括交互行为的娱乐性和主题内容自身的娱乐性，在表达手段上，一是改变创意思维，让内容更具娱乐性，二是充分利用新技术来设计和表达娱乐性。在交互媒介上，利用技术来实现交互行为的娱乐化是常用也是有效的方式，比如 AR 技术带来的新奇感、在互动感应装置上感受到的娱乐体验、手机上的游戏娱乐体验等。在传播主题内容的策划中通过创意和技术融入娱乐元素容易吸引

① 图片截屏于 https：//v.youku.com/v_show/id_XNjkwNzEwMzcy.html？from=s1.8-1-2.999&f=19629623&sf=50105.

用户参与并引发热议，但娱乐不等于低俗，因此，娱乐需要把握其中的度。

格力高在上海来福士广场制作了一个约 5 米高的互动屏。屏幕由 1 344 个 Pocky（百奇）包装盒组成。当人们站在互动屏前时，摄像头会捕捉人们的肢体动作或者面部表情，同时将表情动作以 Pocky 包装盒马赛克的形式呈现出来。这个作品吸引人们的地方在于它的娱乐性。娱乐、好玩、新奇就足以将受众引入品牌的传播活动（图 3-8）。

图 3-8 Pocky 马赛克拍照互动屏装置①
丽昂数字 imcr 作品

第三节 基于用户体验的设计

互动即产生体验。在交互设计领域，体验感的优劣决定了用户接受还是放弃与作品互动，所以为用户提供良好体验感是交互媒介设计的重要一环。做好这一部分工作，首先需要明确设计是为用户的设计而不是设计师的自我陶醉。优秀的体验是需要设计来建立和完善的。我们可以围绕体验的要素，从对应的原则出发进行设计，使作品给予用户更良好的体验感。

① 图片截屏于 https://www.manamana.net/video/detail?id=1530360#!zh.

一、用户画像

对用户体验的设计首先需要了解用户、研究用户。用户画像是交互传播设计中满足用户需求，使信息传播更精准有效的重要手段。随着用户对互联网的依赖越来越深，用户在互联网上留下的轨迹越来越清晰，大数据与人工智能技术对用户行为轨迹的捕捉也越来越精准、智能。技术为我们提供了解用户的先进途径，通过用户画像，设计的针对性和有效性也越来越强。

（一）用户画像内涵

用户画像是指对用户行为、消费习惯、兴趣偏好、社会属性、年龄等各方面的信息进行整理，分析出用户的典型特征。最早提出用户画像概念的学者是被称为“交互设计之父”的艾兰·库伯。库伯将用户画像称作反映用户数据特征的“虚拟代表”。① 我们可以将库伯所说的“虚拟代表”理解为用户信息的可视化数据形象。用户画像的目的是把设计的焦点放在用户身上而不是满足设计师自己的喜好。库伯还指出用户画像是为了形成某一类目标用户，因为设计不再是满足所有人的设计。需要注意的是，用户画像是动态的，不是一成不变的，而且如果目标用户有多种用户画像时，设计师须考虑优先等级，应首先满足主要用户的需求。

（二）用户画像构建

用户画像的构建通常分为收集数据、分析数据、形成用户画像框架、用户画像四个主要步骤。② 收集数据首先要确定被访问的用户范围并进行分类。获取用户信息可以通过访谈、问卷等形式，还可以通过新媒体平台获取用户登记注册信息和用户搜索浏览等痕迹。大数据使收集数据更加便捷。分析数据主要完成数据的分类统计工作，之后是提炼符合用户身份和行为的信息，形成用户画像框架，最后构建用户画像模型。

---

① 艾兰·库伯．交互设计之路：让高科技产品回归人性［M］．丁全钢，译．北京：电子工业出版社，2006.

② 于永丽．基于用户画像的学术新媒体精准知识服务研究［J］．情报探索，2020（12）：58-64.

二、基于用户体验的设计原则

交互设计需要围绕用户的体验需求设计符合用户感知与行为要求的交互形式，才能使用户在与产品的互动中获得情感与认知上的满足和实现自我价值。在设计过程中要做到满足用户体验需求，首先需要知道体验的层级和体验要素，然后围绕体验的要素掌握体验设计的原则和方法。

（一）体验的层级

美国著名设计师、心理学家唐纳德·A. 诺曼在他的《设计心理学 3：情感化设计》一书中从情感触发角度详细探讨了情感元素的三个层面：本能（对产品的外观式样与质感的感知）、行为（对产品的功能使用体验）和反思（个人的感受与想法）①，并提出对应的设计原则。诺曼提出情感设计是未来设计的关键。进入数字时代，在以交互为核心的数字交互媒介设计中体验与情感显得更为重要。用户的体验实质上就是用户在面对产品时的情感心理状态，因此，体验的层次同样也围绕着本能、行为、反思这三个维度展开。针对本能层，数字交互媒介设计需要关注作品的视听感知系统设计；行为层强调产品的功能使用体验，在交互媒介传播设计中，集中表现为用户与媒介之间的交互行为；反思层设计所考虑的是产品对于用户在心理层面上的思考，体现的是一种对用户产生的持续的情感影响。

（二）体验的要素

所有的设计始终包括形式与内容（功能）两大范畴，设计作品或产品给予用户的体验感也始终来自作品或产品的形式与内容（功能），所以体验的要素蕴含在形式与内容中。在交互媒介设计中，用户感知、参与及思考作品的中介桥梁即作品的体验要素。

1. 环境要素

环境要素包含交互作品所置的空间环境和用户所处的空间环境。作品所置的空间环境通常针对线下交互媒介而言。线下交互装置类作品需要一

① 唐纳德·A. 诺曼. 设计心理学 3：情感化设计［M］. 2 版. 何笑梅，欧秋杏，译. 北京：中信出版社，2015：11.

个固定的物理场所，比如商业空间、公共空间。用户所处的空间环境主要针对移动交互媒介而言。用户所处的空间环境相对来讲既有具体的固定环境比如家里等私密环境，也有动态环境。

2. 视听设计要素

视听设计要素属于审美范畴。在数字交互媒介设计的审美体系中除了常规的图片、文字、色彩、版式等传统基本要素之外，声、光、电、视频、动态影像是数字时代受众群体审美感知的新要素。

3. 交互系统的结构框架

产品的交互逻辑和结构是否合理，交互方式是否简洁直观，结果反馈是否及时且符合用户预期，这些都决定了体验行为层级的优劣。

4. 主题内容要素

能够对用户形成持久性情感影响，促使用户进行深度思考的无疑是传播的内容主题。优秀的内容本身就能给受众带来优秀的体验感。针对对应的用户群，对内容主题进行科学的选择、策划、表达，使内容的立意拔高，主题升华，找准内容与受众的情感关联点是反思层设计的重点。

（三）体验设计原则

1. 遵循用户操作习惯原则

在用户都已习惯了某种共性方式的前提下，设计应该遵循约定俗成的既定规则，不需要标新立异改变用户习惯。比如我们通常习惯往上滑动手机页面继续浏览，那在设计页面转场时就应该延续这种模式，而没必要设计成往下滑动页面。

2. 一致性原则

一个完整的交互框架结构必须具备一致的逻辑。一致性可以使用户在人机互动时保持行为的完整性和统一性，最终使用户觉得叙事是完整有序的而不是混乱不清的。一致性主要体现为交互方式的统一和设计风格的统一。

交互方式的统一是指在设计交互方式时应设定且只设定一个主要方式，减少辅助的交互方式，使整个交互叙事围绕一个主要方式展开，引导用户接受主要交互方式进行互动。这样可以避免因交互方式太多、逻辑混乱而导致用户流失。

设计风格的统一表现在作品的视听设计层面，是指在设计时要把握作品的整体风格，从界面导航图标到文字、图形、色彩、版式、音效、视频等都应保持风格的统一性，带给用户整体统一的视听体验。

3. 交互行为的简化与优先原则

交互行为的简化与优先是为了让用户在最短的时间内参与交互活动。过于复杂的交互程序会导致用户在交互活动中陷入选择与决策的困难，从而产生烦躁感甚至挫败感。用户在面对交互媒介设计作品时应该能够快速了解和预判互动的方法及互动结果与预期值的差异。做好交互行为的简化与优先首先要求优化程序设计，明确交互方式，避免复杂的铺垫，比如让用户在面对线下互动装置作品时，只需进行肢体动作就能与作品进行对话。另外，交互界面的引导设计也是重要的简化途径。设计师应尽可能事先把设计过程的框架用视觉化的方式搭建好，从视觉设计入手，利用色彩、文字、图形和动态元素为用户设计直观生动的交互界面，使整个框架中各个层级的交互逻辑都能用清晰美观的视觉元素呈现给用户，从而合理高效地引导用户进入交互叙事中。

4. 交互结果及时反馈原则

交互活动如果没有结果，或者结果数据不能及时反馈给用户，那么整个作品是不成立的，会使用户产生极差的体验。交互结果及时反馈分为交互过程中的结果反馈与交互结束后的结果反馈两个部分。

在交互过程中系统接收到信息指令时必须及时做出反应，告知用户操作结果，从而引导用户下一步操作。比如在选项类的操作中，当用户选择错误时，系统给出一个错误选择反馈或者一个重新选择提示；当用户选择正确时，系统则引导用户进行下一步操作。系统还可以通过音效、文字、图形设计等使反馈形象化、生动化，以提升用户体验。

交互结束后的结果反馈可以满足用户的心理期待。在交互活动全部结束之后，我们通常需要给用户一个符合期待的结果，使用户觉得整个作品是完整的，参与互动是有价值的。交互的结果可以设计得轻松、幽默、巧妙一点。我们可以看到现在政务类的官方媒体在做一些信息传播时，整体风格愈趋接地气，在互动的结尾给予的反馈也很生动活泼，一改传统刻板严肃的形象，深受大众的好评。

5. 全感官的视听设计原则

传统的视觉传达平面设计已经难以满足用户的审美需求。比起静态的视觉设计，受众更加喜欢动态的影像。抽象化、几何化、纯粹化的视听设计能给受众带来普世的美感，而受众不需要过多的知识背景和审美能力就能体验到这种普世的美感，所以设计思路需要从传统的视觉设计转向全感官的视听设计。从“静”到“动”是数字交互媒介设计审美范畴中的重要思路。

6. 环境匹配原则

作品与环境必须建立合理的对应关系才能使交互行为具有更好的用户体验。比如在黑暗密闭空间内受众更易浸入由光影、数字图像所营造的奇幻神秘的氛围，形成沉浸式交互体验，而在开放的公共空间，要想吸引用户的注意力，则需要设计更简洁清晰的交互界面和生动有趣的交互形式。

第四章

基于H5的移动网页交互设计

如今各行各业在进行信息推广和传播时都必然要考虑是否能实现移动网页传播，这其中最重要的原因便是智能手机的普及。在如今“人手一机”的环境下，所有基于传统大众媒介进行传播的内容都在向移动网络端迁移。在这迁移的过程中，H5 成了大家经常提起并且乐于分享的移动传播类型。我们在讨论 H5 之前需要厘清 H5 与 Html5 的关系。Html5 是新一代的 Html。相对于 Html4 等之前的网页版本，Html5 为现代 Web 的应用提供了许多新的功能，比如：解决了对外部插件的依赖，可以很好地替代 Flash，不需要第三方插件即可实现本地音频视频播放；在数据存储上允许客户端实现大规模的数据存储；具有实时定位功能和在网页上绘图的功能等。所以 Html5 更适用于手机和平板电脑这类移动媒介。而我们所说的 H5 设计则是基于 Html5 技术的移动网页产品设计，是国内对移动网页设计的一个俗称，两者有关系但所指不是一个对象。在移动互联网产业快速发展的时代，H5 移动网页产品凭借其低成本、高效率、强兼容、强互动等特征迅速被用户熟知和使用，成为移动媒介交互设计的主要形态。

第一节　H5 在传播设计中的应用

进入移动互联网时代，用户可以轻易获取海量信息，而对这些信息的接收与处理方式是碎片化和简易化的。因此，如何捕捉用户，抓住用户的眼球，甚至让用户参与信息传播、分享并进行更大范围的有效传播成为传播主体需要着重思考的议题。H5 以创意表达的内容为纽带，以社交匹配为主要传播渠道，吸引用户参与共创，开展二次传播。一个优秀的 H5 移动网页产品设计能通过其新颖美观的呈现方式、生动有趣的交互特性来阐述内容，从而实现快速吸引用户、增强传播效果的目的。

一、H5 传播的功能与优势

H5 设计作为移动端网页设计首先具备 PC（Personal Computer，个人计算机）端网页所能实现的效果，但同时具备 PC 端网页所没有的更多功能，与传统纸媒、PC 端相比具有更大优势。

（一）移动网页获取更大流量

H5 与纸媒和 PC 端及广播、电视等传统媒介相比最主要的优势是实现移动传播。目前手机成为我们获取信息的主要途径。在移动媒介上的信息所获得的关注度远远大于其他媒介。H5 自 2014 年作为一个新的传播形式被用户青睐以来呈快速爆发式增长，其中很重要的原因就是好的 H5 作品能在移动端获得极大的流量。很多出自腾讯、网易、阿里及政府媒体的开发类 H5 作品经常出现全民刷屏的现象。

代表性的现象级 H5 如 2017 年《人民日报》策划的《穿上军装》，其浏览量超过了十亿次（图 4-1），网易推出的各类与音乐相关的 H5 也深受用户喜爱。

图 4-1　H5《穿上军装》
出品方：《人民日报》

（二）平面与动态相结合的表达形式更具吸引力

H5 可以制作静态页面也可以制作动画及多媒体页面。我们熟悉的海报、图文版式、长页面等效果都可以在 H5 上呈现。H5 还可以在静态页面上添加音频、视频来丰富画面效果。另外，专业 H5 制作工具提供动画编辑功能。我们可以在 H5 制作工具上设计制作出简单的动画。

（三）交互性提升用户体验

交互是 H5 最重要的功能。如果说移动传播与平面和影像结合在其他应用比如公众号上同样也能实现的话，那么交互功能则是 H5 最独特之处。在移动媒介上单纯地呈现图文影像信息，我们可以认为这仅是传统媒介上的内容在移动媒介端的迁移，因为用户与媒介没有进行深层次的互动。H5 实现了各种交互方式，比如滑动、点击、拖动、涂抹等功能。用户根据作品的交互逻辑采用对应的交互方式与作品进行互动，参与进入作品中并最终完成叙事。另外，交互功能还可以增加作品的趣味性，使用户的体验远远超出单纯的图文阅读。

（四）数据收集与分析功能

H5具有数据收集和统计分析的功能。通过相应的技术，传播主体可以收集到用户的资料和反馈信息，了解传播效果，还可以通过H5来进行抽奖、投票，并对结果数据进行统计，完成相应的任务。

（五）低成本和高效率

H5设计容易上手，从事其他设计行业的人员比较容易掌握H5的制作。从另一个角度来看，H5是一个整合平台，用来将平面、视频等设计元素整合成一个叙事体系，用交互的方式进行呈现。所以具有平面设计、视频制作经验的人很容易掌握H5。H5的低成本和高效率特点主要表现在媒介特性上。H5不用打印、安装、购买媒体，制作成本与时间也远低于其他媒介，同时它以移动网页的形式在移动互联网上展示和传播，作品完成即可发布在社交媒体上，传播效率和效果远大于传统媒介的传播形式。

以上是H5传播的功能与优势介绍，但H5也有很大的局限性，比如：移动互联网技术更新快，需要保持不断地学习；行业工具平台较多，参差不齐。还有一个问题在于传播对于社交媒体的高度依赖，如果社交媒体平台不予支持，那么所做作品便无法传播。事实上，在各大互联网企业竞争中，社交媒体会选择屏蔽某些“爆款”H5作品，使其无法继续传播。

二、H5的应用领域

因为H5作为一种移动网页形式可以在移动媒介中广泛传播，所以各个领域都在使用它作为载体展开应用。目前H5的主要应用领域包括三个部分：第一是传播设计，H5的各种酷炫、新奇的呈现方式深受传播主体喜爱，其常用于政府部门、广告主、各类文化机构的信息传播；第二是手机小游戏；第三是小程序、App这类移动互联网产品。本书只讨论传播设计内容。

（一）政府及各级机构组织

对于政府及各级机构组织来说，在大力推进全媒体融合的背景下，H5

作为一种流行的传播形态比传统媒介具有更强的仪式感、参与感，成为党政、企事业单位宣传部门进行推广宣传时的热门选项。从整个行业环境来看，H5 在政府及各级机构组织的媒体端有着得天独厚的条件：首先是渠道和流量。政府机构拥有强大的推广渠道，社交媒体优先且无限制推广，各级部门关注群体和浏览量庞大。其次是具有重大事件推广宣传的主导权，比如在 2020 年新冠肺炎流行期间，各级机构组织所创作的抗疫相关主题的 H5 作品在社交媒体上广泛传播，起到极为重要的宣传作用。比如 2020 年 1 月份《深圳特区报》读特融媒实验室推出的《全民战“疫”》防疫抗疫 H5（图 4-2）获得中央网信办传播局全网推送，中央及各省市重点新闻网站纷纷转发，参与量突破 5000 万。

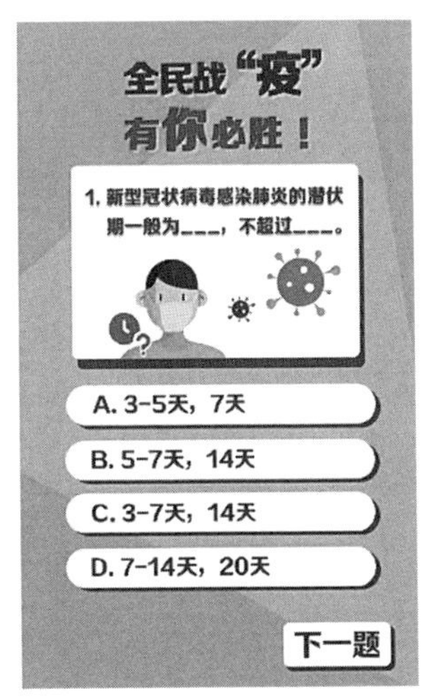

图 4-2　H5《全民战“疫”》
出品方：深圳报业集团

（二）广告营销活动

通过 H5 对产品、活动等进行宣传推广是目前企业常用的方式，比较多见的内容如招聘、会议邀请函、产品介绍等。因为 H5 易于传播于微信朋友圈，企业能快速有效地进行推广，目前广告营销活动的 H5 也已从简单的模板类向游戏类、手机交互、大屏、跨屏互动（图 4-3）等更深度的形式转换。

图 4-3　跨屏互动 H5《极速 301》
出品方：宾利

图 4-4　H5 淘宝《2020 年度记忆》
出品方：淘宝

（三）企业品牌传播

H5 在企业品牌传播中的运用形式丰富多样。通常来讲，好的 H5 作品不会直白地叙述企业品牌，而是充分利用跨界、借势、公益、“情感鸡汤”等方式结合 H5 的互动功能来展开叙事。比如 H5 作品《淘宝 2020 年度记忆》（图 4-4）通过回顾不平凡的 2020 年唤起用户一年的回忆。还有我们熟知的网易云音乐听歌系列，借用音乐，通过生成用户形象和年度歌单，再结合情感用户的情感诉求，使用户在与 H5 作品互动的时候认知和接受品牌（图 4-5）。

图 4-5 H5《2020 年度听歌报告》
出品方：网易

（四）公益与文化传播

在移动互联网时代，公益与文化类的传播逐渐从电视、户外等传统媒介转移至移动媒介，表达的形式从传统的说教方式变得越来越生动和接地气，H5 也成为这类传播的首选。比如 QQ 浏览器出品的 H5《阅过山川 益起读书》（图 4-6）借用阅读话题进行公益活动。

图 4-6 H5《阅过山川 益起读书》
出品方：QQ 浏览器

第二节 H5 产品设计流程与方法

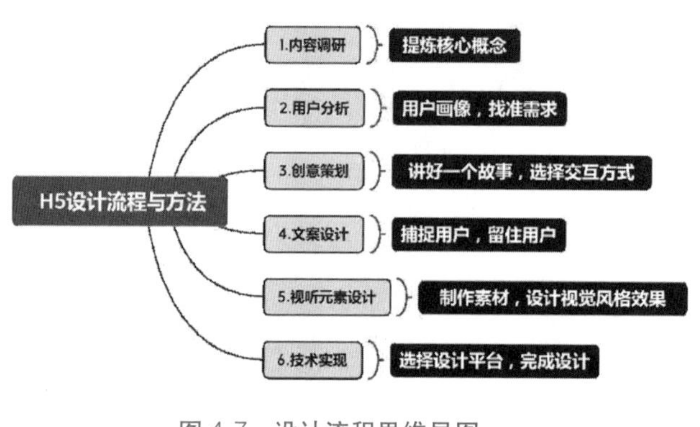

图 4-7 设计流程思维导图

设计一款优秀的 H5 产品需要具备科学的思维方式，应按照一定的流程展开，做到有的放矢。H5 产品设计通常包括内容调研、用户分析、创意策划、文案设计、视听元素设计和技术实现几个环节（图 4-7）。在设计过程中，每个环节中的工作都有其规律与方法可循。本节将对设计流程和常见方法进行讲解，同时我们还可以从各类热门的 H5 作品中去学习、总结。

一、内容调研与用户分析

（一）内容调研

内容是传播设计的核心。一个好的 H5 产品必须能清晰传达主体方想要表达的内容。内容表达也有简单需求和深度需求。比如企业要做一次会议邀请或者招聘活动，这类简单需求的设计只需套用模板即可。而诸如品牌文化传播、公益传播及传统文化传播等则需要做到充分了解、整合与主题相关的各种信息资料，然后从中提炼出最具核心的概念作为设计的重点信息。

（二）用户分析

用户分析首先要找到用户群，即这个 H5 发布后是给谁看，明确用户群后再对用户群体进行用户画像，比如用户群体的年龄层、知识结构、兴趣爱好、使用场景、收入结构、职业特征、核心需求等相关信息，最后整合内容定位与用户画像进行设计策划方案。内容调研和用户分析是整个 H5 产品设计的前提基础。如果这部分工作没有做好，那么最终的传播将失去“准心”。

二、创意与策划

在完成内容与用户调研分析，厘清了所需要设计的产品应该传达什么及传达给谁这两个问题后，接下来我们就要解决如何传达，也就是创意策划这一环节。实际上，H5 产品创意与策划的核心任务有两个。

（一）根据内容调研和用户分析的结果去讲好一个故事

在 H5 里讲故事时要把握好节奏、互动及时间的关系。在碎片化阅读时代，冗长、脱节、平淡的叙述难以引起关注度，所以创意策划要抓住用户痛点和需求，要更加有趣生动才有价值。要想讲好一个故事，可以尝试从以下几点出发。

1. 跨界

将不同领域的内容巧妙地整合在一起可以给受众带来惊喜。在 H5 产品设计中，商业品牌之间跨界很常见。近年来随着“国潮文化”的兴起，商业品牌和文化机构也进行跨界整合，产生了很好的传播效果。比如 2021 年年初友邦保险与上海博物馆跨界完成的 H5 作品《友禧雅叙图卷》（图 4-8）将古代名画中的场景巧妙设计进 H5 与用户进行互动。古风的画面和清晰的交互叙事深受用户喜爱。

图 4-8　H5《友禧雅叙图卷》
出品方：友邦保险、上海博物馆

2. 借势

围绕当时的热点话题进行策划可以借用热度吸引受众。这种方式有较强的吸引力，热度高，缺点是时效短。比如 2020 年 10 月“打工人”这个词在社交媒体中被刷屏，各种段子和表情包在网上流传，网易与斯柯达借势出品了 H5 作品，用调侃幽默的方式做了一次话题营销，戳中了“打工人”的笑点。

3. 情感诉求

情感诉求是常用方式，在移动媒介上较早流行于公众号推文。以情感为载体的内容策划通常围绕亲情、友情、爱情展开。情感诉求要把握好分寸、时机和用户群身份。如 2019 年美团出品的 H5《2018 美团外卖账单》从外卖订单数据出发叙述单身上班族的日常情感，打动了年轻人的内心（图 4-9）。

图 4-9　H5《2018 美团外卖账单》
出品方：美团

（二）设计好交互方式与交互逻辑

交互方式与交互逻辑决定了 H5 作品的表现形式。移动媒介的交互方式通常有点击、长按、滑动、拖动、涂抹等（图 4-10）。比如简单翻页型 H5 采用滑动的交互方式即可完成，具备引导或者参与操作功能的 H5 可采用拖动、涂抹等更复杂一点的交互类型。在这几种交互类型中，点击属于选择确认型交互，点击后可进行下一步操作；长按屏幕用来实现播放等功能，能提升用户注意

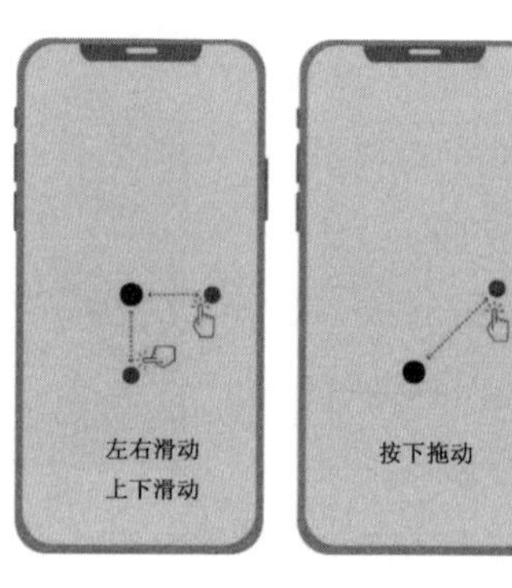

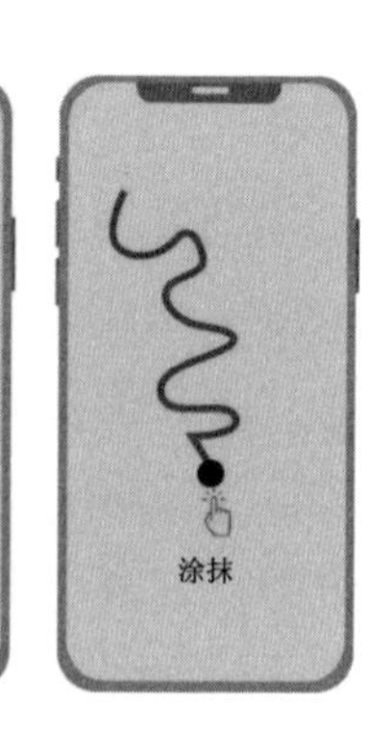

图 4-10　手机屏幕交互类型

力；滑动交互是 H5 中最常见的交互方式，主要作用是实现页面的转场；拖动与涂抹能提升用户参与度。一个作品中通常不宜采用过多的交互方式，要避免交互混乱降低用户体验。每一种交互类型都有其优缺点。采用哪种交互方式需要根据创意策划来设定。

三、文案与视听设计

（一）文案设计要求

H5 中的文字部分需要实现两个功能：一是准确传达信息内容；二是进行交互方式的引导。H5 不是微信推文。长篇幅图文的体验感差，无法留住用户，会极大降低用户留存率。想做到快速捕捉用户心理并留住用户，必须在短短的几个页面中设计出生动、精准、清晰、简练的文案来表达内容和创意。文案设计工作主要包括两个方面：一是关键文案的设计；二是正文文本的设计。通常正文文本设计的关键在于精简文本，以适应用户浅层阅读的习惯。关键文案是指标题、导入、主旨、关键词、结尾这几个部分的文字语言表述（图 4-11）。关键文案是作品叙事的核心和主干。创意思想与故事发展依靠关键文案来承载，设计关键文案常见的方法有以下几种：

① 猎奇：抓住用户的好奇心。

② 走心：用情感打动读者。

③ 共鸣：使用户感同身受。

④ 笑点：用幽默娱乐的语言吸引用户。

⑤ 正能量：传递正确积极的价值观。

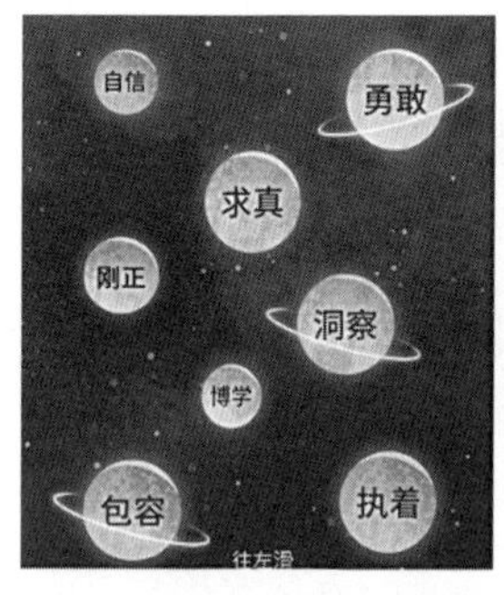

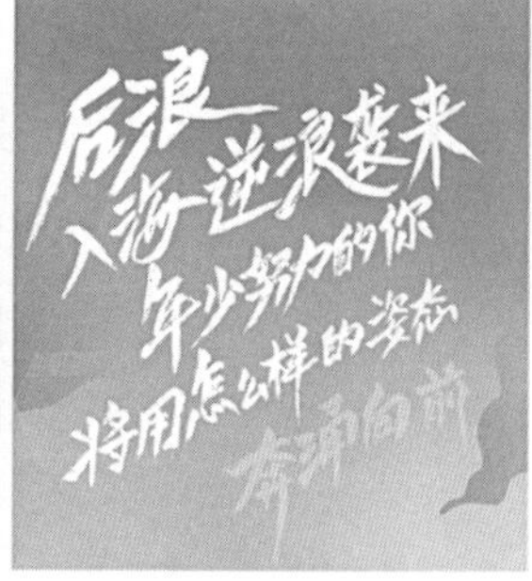

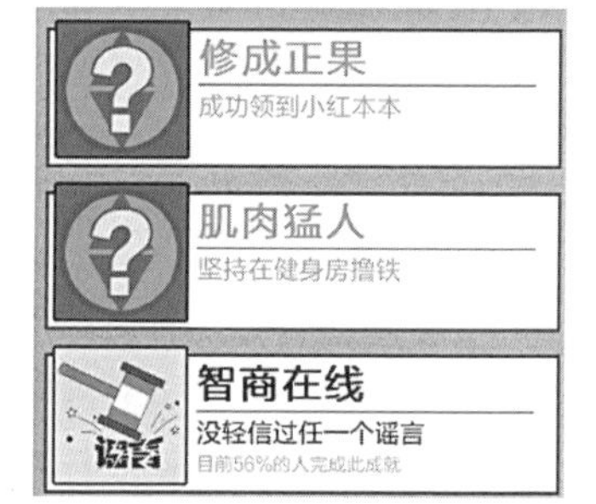

图 4-11 关键文案①

（二）视听设计

视听设计环节是指根据策划方案来设计整个 H5 作品的页面风格效果，具体包括设计各个页面所需的图片、文字、色彩、音效、视频、按钮等素材。所有的素材都需围绕策划方案统一风格。素材可在各类资源网站获取。如果设计师具有一定设计经验和能力，可进行原创设计，这样能达到更好的效果。H5 平台实际上不是一个设计平台，而更像是一个功能整合平台，虽然有的 H5 平台可以制作动画、绘制 SVG 图形，但绝大多数素材都在其他软件中完成。移动媒介上的视听元素的设计方法和特点，可参见本书第二章。

四、技术实现

完成上述几个环节的工作之后，整个流程进入 H5 制作的关键环节：技术实现。H5 的技术实现通常有两种，一种是专业级定制。专业级定制

① 图片来源于 https://www.iguoguo.net/html5.

类的 H5 需要较为复杂代码语言，通常由专业团队打造，尤其是在程序设计方面，比如腾讯、淘宝、网易等互联网企业开发的 H5 产品，还有像《人民日报》客户端这类机构出品的 H5 产品。另一种是网站类的 H5 设计平台。H5 设计平台通过在线编辑的方式来制作，不需要代码。可视化的编辑操作方式适合普通用户掌握运用。目前国内的 H5 设计平台众多，良莠不齐，大体上分为普通模板类和专业类。

（一）普通模板类

普通模板类的设计平台常见的有易企秀、秀米、MAKA 等，这类平台提供各类模板。用户在模板上简单添加和更改素材、文本图片即可实现简单的交互。本教材强调交互功能的设计与实现，因此，普通模板类的工具不在讲解范围内。

（二）专业类

专业 H5 平台可以利用各种组件来实现更复杂的交互，完成更加丰富多样的交互作品。国内专业 H5 设计平台的代表有 iH5（图 4-12）、木疙瘩。两者相比较而言，iH5 难度更大一些，包括时间轴动画、多人互动、小游戏、跨屏应用等更多功能。本书将以 iH5 为设计平台详细讲解其主要技术，并将通过案例向读者分享 H5 设计制作的整个流程。

图 4-12　iH5 设计平台①

第三节　基于 iH5 设计平台的交互技术详解

iH5 平台为设计制作手机移动端的交互功能提供了较为完整的技术。通过本节的学习，我们可以利用 iH5 编辑器掌握基本的移动页面交互功能，并将交互技术运用于各类主题的传播设计，在移动媒体上发布分享。本节

① 图片来源于 https：//www. ih5. cn.

着重讲解 iH5 平台的事件原理。iH5 平台中的各种交互形式大多基于事件功能实现，另外，本节通过案例，围绕点击、涂抹、长按、拖动、滑动这五类常见的手机端交互方式，对这五种交互的技术实现做了详细的讲解。对于 iH5 平台其他的各种功能，本书不做一一介绍，读者可在学习本书的基础上进一步研习。

一、iH5 设计平台的交互逻辑

（一）“事件”功能的基本原理

“事件”是 iH5 平台实现交互功能的重要板块。iH5 平台的“事件”功能是指：通过指令，让某个对象执行各种指定的效果，比如点击按钮后显示图片，或者拖住对象后移动物体等。当我们选择一个对象时，在编辑器右上方单击“事件”按钮，即可为对象添加“事件”。“事件”一栏中包括“触发对象”“触发条件”“目标对象”“目标动作”四个基本部分（图 4-13）。

图 4-13 “事件”的基本原理

在四个部分中，触发对象是发出指令的对象，即图 4-13 中的“椭圆1”；触发条件可选择点击、滑动等交互方式；目标对象是指接收指令的对象，可以是其他任意对象，也可以是自己；目标动作是指目标对象接收到什么指令，并完成指令，比如改变对象的大小属性。具体操作见下方操作示例。

（二）“事件”的基本原理示例

1. 素材准备

进入 iH5 平台编辑页面，导入一张图片素材，在小模块下拉列表中选择一个按钮并调整其大小，点击按钮，将按钮名称改为“点击显示”后复制按钮，将复制出的按钮名称改为“点击隐藏”，将图片与按钮位置摆放至合适位置，完成准备工作（图 4-14）。

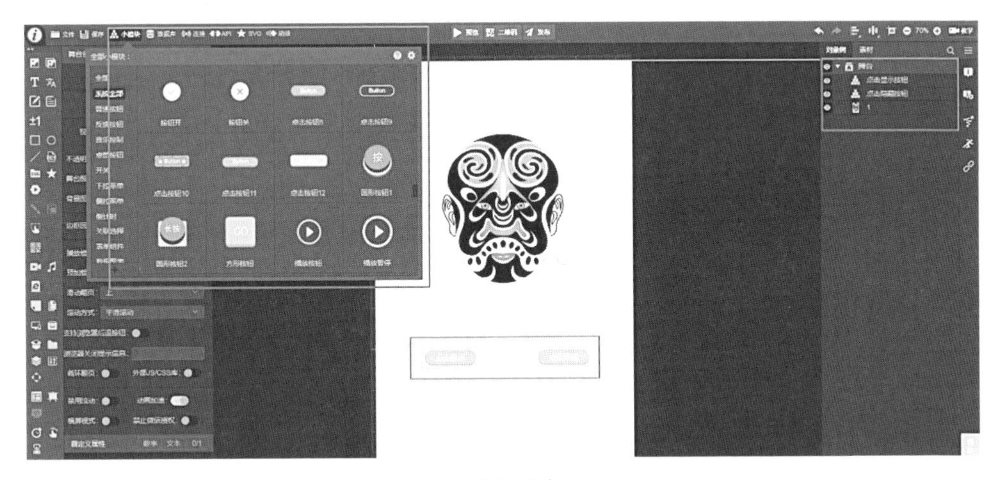

图 4-14　素材准备

2. 事件设置

点击选中右边舞台中的“点击显示按钮”，点击右上角的“事件”图标，为“显示按钮”添加一个事件。将触发条件选为“点击”，将目标对象选为“图 1”，将目标动作选为“显示”。用同样的方法为“隐藏按钮”添加一个事件，注意将它的目标动作选为“隐藏”，完成事件的设置（图 4-15）。

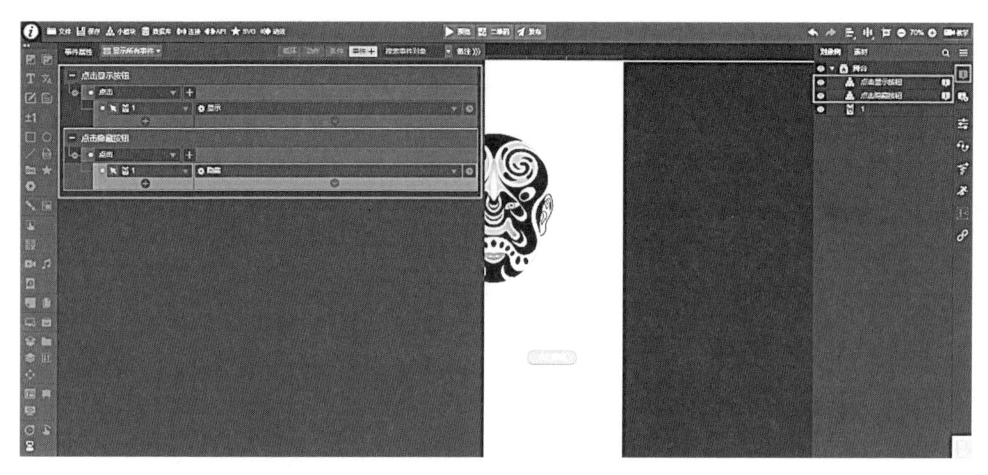

图 4-15 设置“事件”

3. 事件基本原理分析

分析上述简单事件的逻辑：触发对象是两个按钮，给这两个按钮发出指令的条件方式是点击，接收指令的目标对象是脸谱图片，最后脸谱图片所完成的目标动作是显示和隐藏图片（图 4-16）。

图 4-16 “事件”原理分析

4. 预览交互效果

点击“预览”检测交互效果。在网页上用鼠标分别点击两个按钮，或者用手机扫描二维码，可以看到点击隐藏按钮时，图片被隐藏，点击显示按钮时，图片重新显示（图 4-17）。以上即是事件的基本原理，也是交互的基本逻辑，即物体 A 向目标物体 B 发出指令后，目标物体 B 即完成相应的指令任务。

图 4-17　预览交互效果

（三）“事件”技术详解

本小节将以一个案例来详细讲解“事件”的设置与逻辑。案例完成后，用手机扫描二维码，在手机屏幕上点击“点将台”按钮，画布中的三张脸谱图片及对应的名字将依次放大进入画布中央，并且循环切换。通过对本案例的学习，我们可以掌握“事件”的原理与使用方法，理解交互的逻辑关系。

1. 素材准备

将提供的素材导入编辑器，图片与文字的位置和大小如图 4-18 所示，在编辑面板的左上方“小模块”中调入一个按钮，设置按钮名称和颜色，再点击工具栏中的“计时器”按钮，在画布中添加一个计时器。

2. 为文字添加动效

选中其中一个文本，在“动效”栏中给文本添加一个“弹性进入（从左）”的动效，并将动效的“自动播放”功能关闭。用同样的方法为剩下的两个文本添加动效，可将动效类型改为“弹性进入（从右）”和“中心弹入”，使三个文本动效有所区别（图 4-19）。

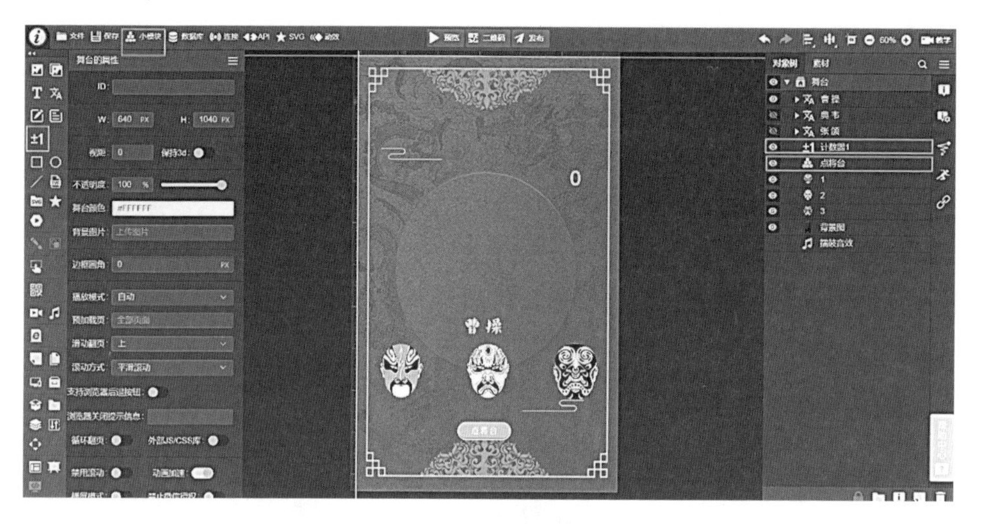

图 4-18　素材准备

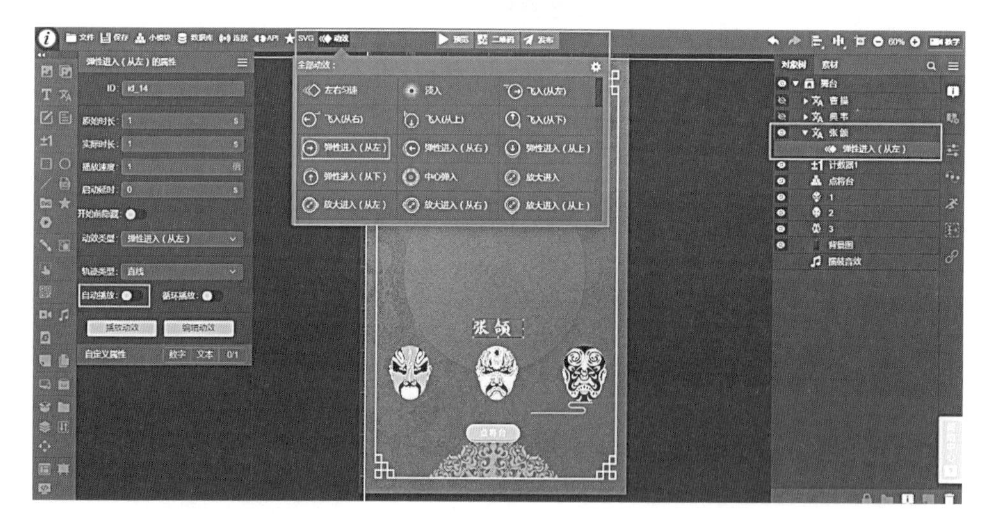

图 4-19　为汉字添加动效

3. 记录图片尺寸与坐标

点击按钮时，其中的图片将被放大且移至画布中央，因此，我们需要记录下每张图片的原始坐标和尺寸，以及放大位移后的坐标与尺寸以备后续使用。点击每一张图片可以在属性栏中找到对应的坐标与尺寸（图 4-20）。

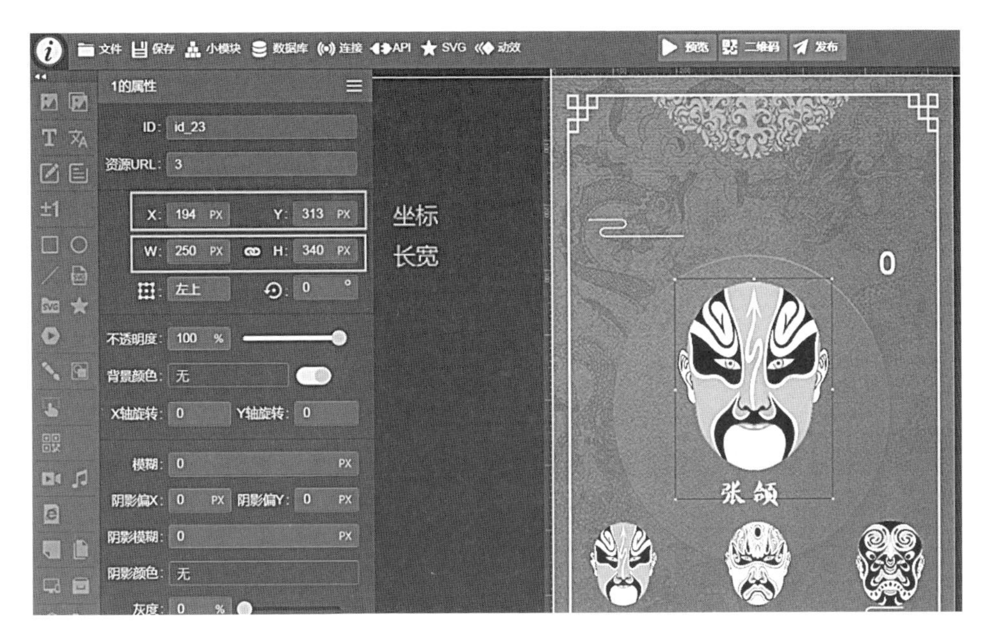

图 4-20　记录图片尺寸与坐标

4. 设置“事件”

步骤 1：设置一个事件，要求实现每点击一次按钮“点将台”，计数器就自动加 1。

具体操作步骤如下：选择舞台下的“点将台”，为它添加一个事件，将事件的触发条件设为“点击”，将目标对象选为“计数器 1”，将目标动作设为“加 1”（图 4-21）。

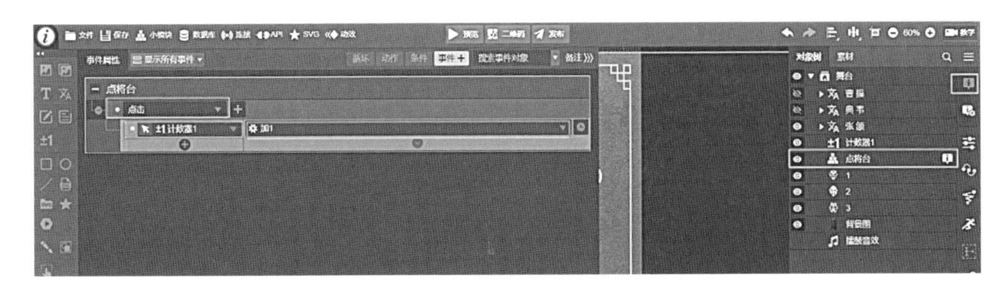

图 4-21　“事件”设置步骤 1

步骤 2：实现当计数器为 1 的时候，图片 1 移动至画布中央位置并且被放大。

具体操作如下：点击“条件”，为之前的事件增加一个条件，将新增的条件对象选为“计数器 1、数值”，将数值大小设为“1”。点击“动作”为新增的条件增加一个动作，将目标对象选为“图片 1”，将目标动作选为“变换状态”，在状态栏中将图片 1 的 X、Y 坐标与宽高像素数值设为之前所记录的结果，速度为 0.5 秒。本例的设定是当计数器为 1 的时候图片 1 将被放大 2.5 倍，并移动至 X、Y 坐标分别为“194”和“313”的位置（图 4-22）。

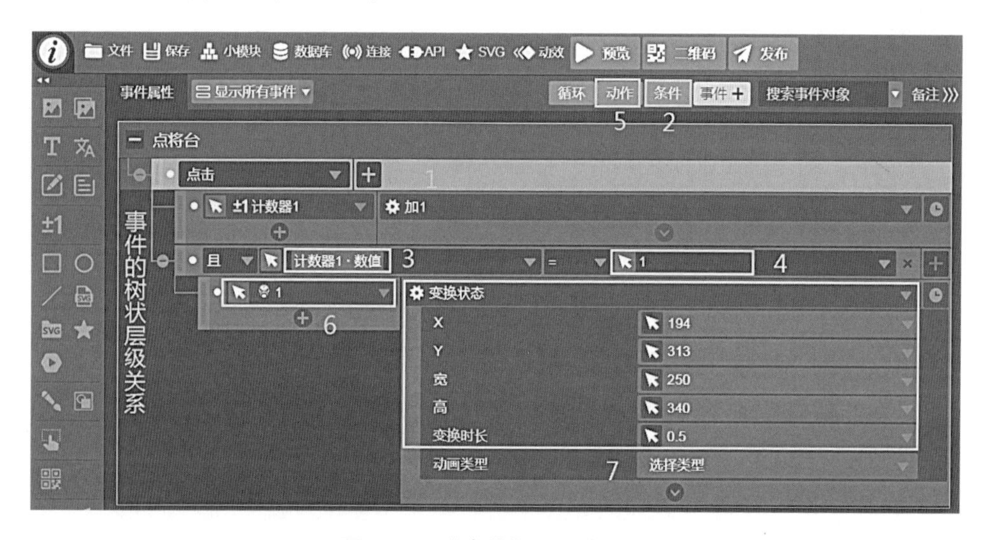

图 4-22 “事件”设置步骤 2

步骤 3：设置文字动效的出场时间。当图片 1 放大至画布中央时，对应姓名的文字动效应即刻开始播放进场。

具体操作如下：点击“+”按钮，继续增加一个动作，将目标对象选择为“弹性进入（从左）”，目标动作选择“播放”（图 4-23）。

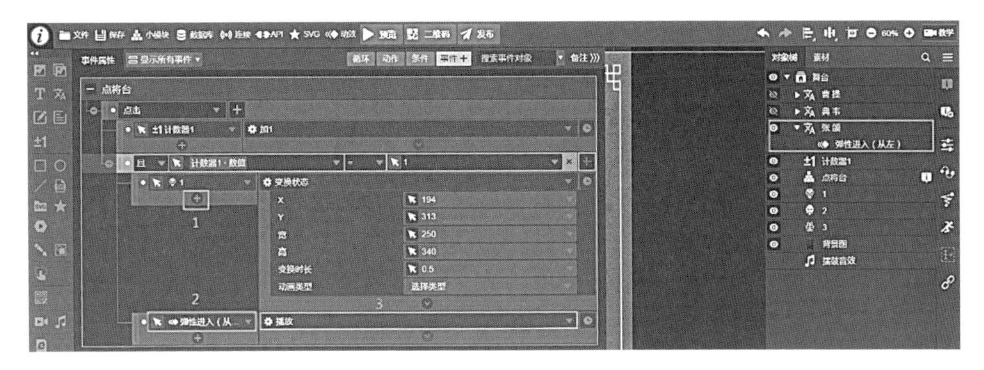

图 4-23　“事件”设置步骤 3

步骤 4：实现当计数器变为 2 的时候，图片 1 的大小与坐标回到初始位置，且文字的动效被隐藏。

具体操作如下：右击事件中的“且”层级，点击复制，继续右击第一个条件层级，点击“粘贴”，完成事件的复制。在复制出来的事件中将计数器数值设为“2”，图片 1 的变换状态设为初始值，文字动效设为“重置”（图 4-24）。

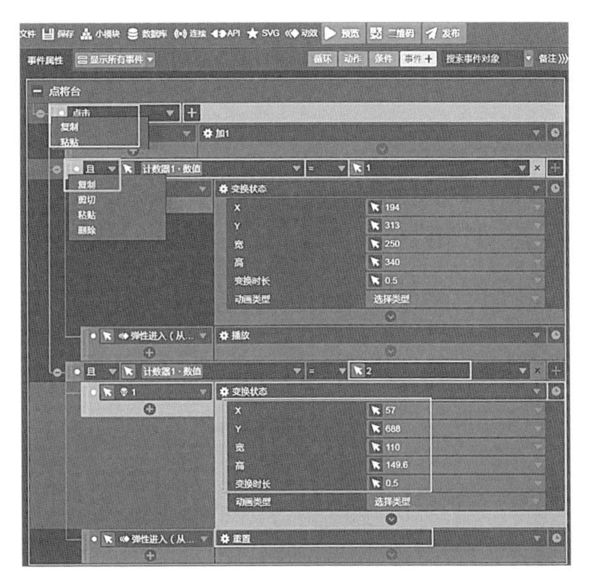

图 4-24　“事件”设置步骤 4

步骤 5：测试预览效果。进入预览页面，计数器初始状态为“0”。点击一次按钮“点将台”时，计数器变为“1”，图片 1 脸谱放大移动至画布中央，点击两次按钮时，计数器显示为“2”，图片 1 又缩小返回初始位置。这样就完成了一张图片的事件设置（图 4-25）。

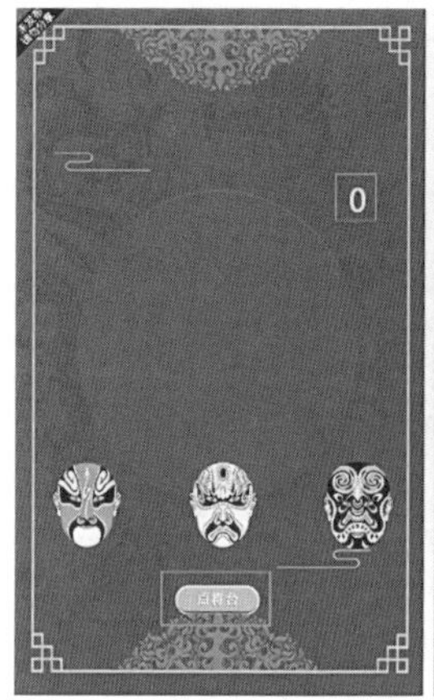

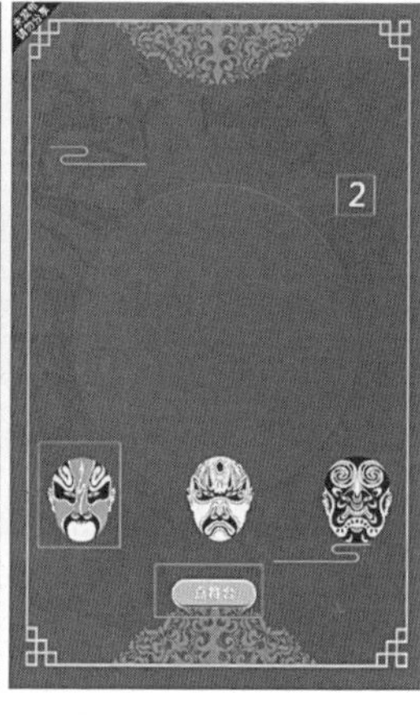

图 4-25 “事件”设置步骤 5

步骤 6：用同样的方法继续复制新增事件，并在复制出来的事件中设置图片 2 的交互动作，要求计数器为“3”时，图片 2 放大移动至画布中央；计数器为“4”时，图片又返回原位（图 4-26）。

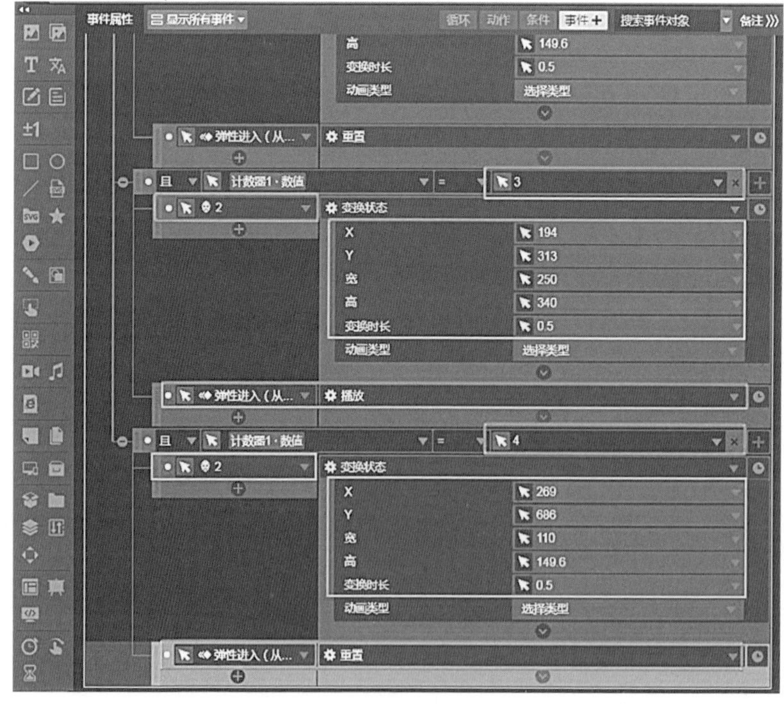

图 4-26 “事件”设置步骤 6

步骤 7：继续用同样的方法设置图片 3 的交互动作。特别需要注意的是，当计数器显示为“6”的时候，计数器要归零，否则当继续点击按钮时计数器数值将一直往上增加，无法回到“0”的初始值，也就无法重复循环三张图片的动作。所以我们要在最后添加一个动作，将目标对象选择为“±1 计数器 1”，目标动作设为“赋值”，并将值设为“0”。也就是说在计数器值为“6”的同时，计数器将会回到初始值，这样就可以实现循环点击播放（图 4-27）。

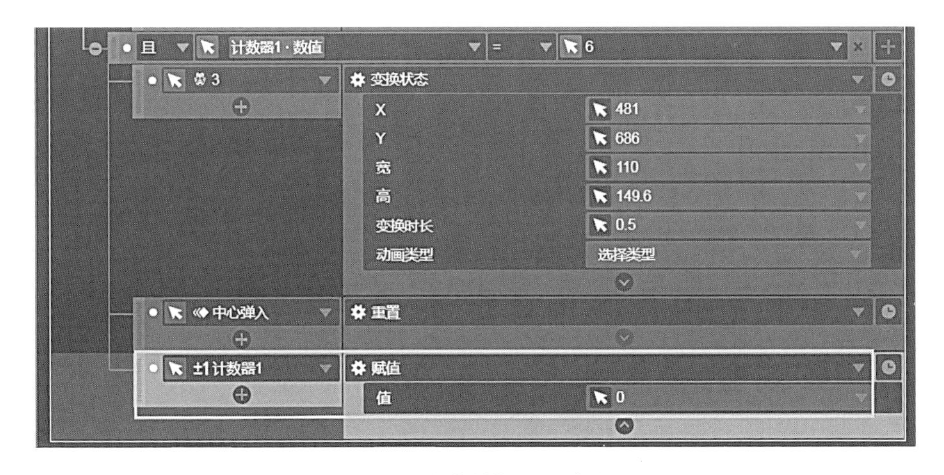

图 4-27 “事件”设置步骤 7

5. 完成练习

最后将计数器的透明度设为“0”，将其隐藏，保存文件；点击预览或者二维码，在电脑网页或者手机页面中预览效果。

二、点击型交互技术

点击属于选择确认型交互，所以我们在设计中首先要安排好选项和结果以供点击“选择”或点击“确认”下一步操作。选项越多，交互过程会越丰富，但也越容易混乱，设计者需要平衡其中的关系。本小节将以“换妆”小游戏为案例来讲解 iH5 设计平台中的点击型交互技术，用户可以通过点击选择五官发型头饰各部位的造型，最终合成一幅自定义的戏曲人物形象图片。

图 4-28 素材准备

（一）素材准备

将素材导入平台，如图 4-28 所示，并摆放在合适的位置。本案例在舞台上创建了一个对象组，将待换妆的图片元素放在对象组中，另外创建了一个页面，将原始造型基础图片放在页面中，这样进行分类有利于素材管理。

（二）为换妆元素图片添加事件

我们希望当手指点击手机屏幕下方的头饰、眼妆、嘴型图片时，屏幕上方没有装饰的各部分原型会切换到我们点击的任意对象。要实现这个交互功能只需要在事件中将初始原型图的 URL 地址改为对应的换妆图片的 URL 地址即可。

步骤 1：点击对象组中的“头饰 1”，单击“事件”按钮为它添加一个事件，将触发条件选为“点击”，目标对象选为“头饰基础”，目标动作选为“设置图片资源 URL”，将图片资源 URL 改为“头饰 1”的资源 URL。设置完成后，当我们点击图片“头饰 1”时，图片“头饰基础”的 URL 地址将自动切换至“头饰 1”的 URL 地址，在屏幕上图片“头饰 1”就会取代图片“头饰基础”。这样就完成了头饰的换妆（图 4-29）。

步骤 2：用同样的方法依次为对象组中的头饰、眼妆和嘴型分别添加事件，并将每个事件中对应的图片资源 URL 地址进行转换设定，注意操作时不要混乱（图 4-30）。

图 4-29 “事件”设置步骤 1

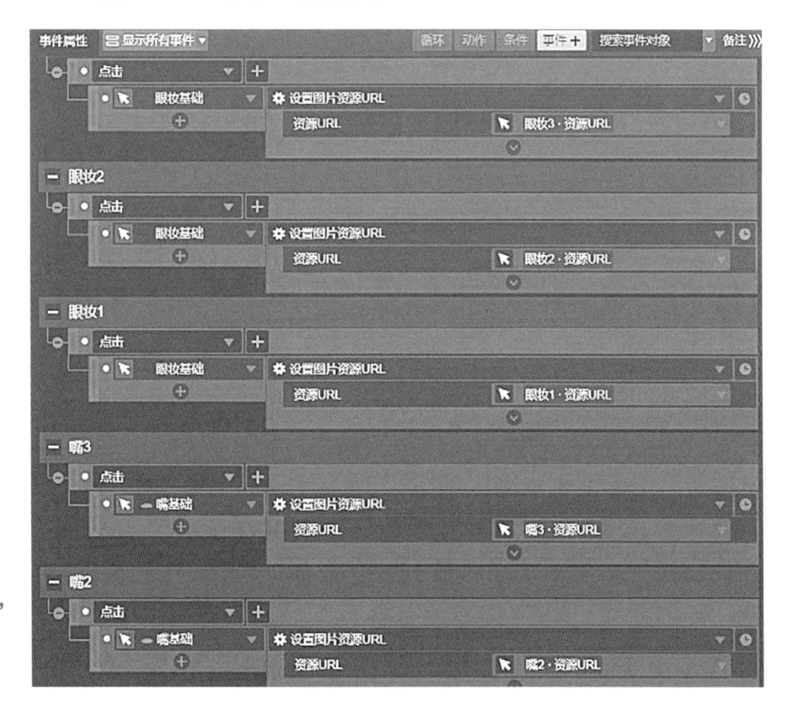

图 4-30 “事件”设置步骤 2

（三）效果预览

完成设置后，扫描预览二维码，在手机上检查交互效果。本例中提供了 9 张替换图片作为点击交互时的选项，因此，总共能得到 27 张不同形象的图片。在手机屏幕中点击下方任意一张替换素材时都能替换戏曲人物形象中对应的妆容（图 4-31）。

图 4-31　预览效果

三、拖动型交互技术

拖动型交互可以实现在手机屏幕上按住某个对象，并将其拖动至任意位置。如果仅是拖动物体改变其位置，那么这样的交互功能价值不大。所以通常拖动型交互都会设计一个触发行为。当用户将对象拖动至指定位置时，此对象便会触发产生一个动作行为，那么这样的“拖动”交互才更有价值。本例将制作一个简单的拖动型交互。案例中用户可以通过左右拖动屏幕中的手指按钮从而带动人物左右移动。当人物触碰到球体图形时，球将会被人踢出屏幕。

（一）素材准备

在舞台中导入人物行走的 gif 图，缩放其大小并放于合适位置。绘制一个矩形和一个圆，两个物体的大小和颜色设置如图 4-32 所示。

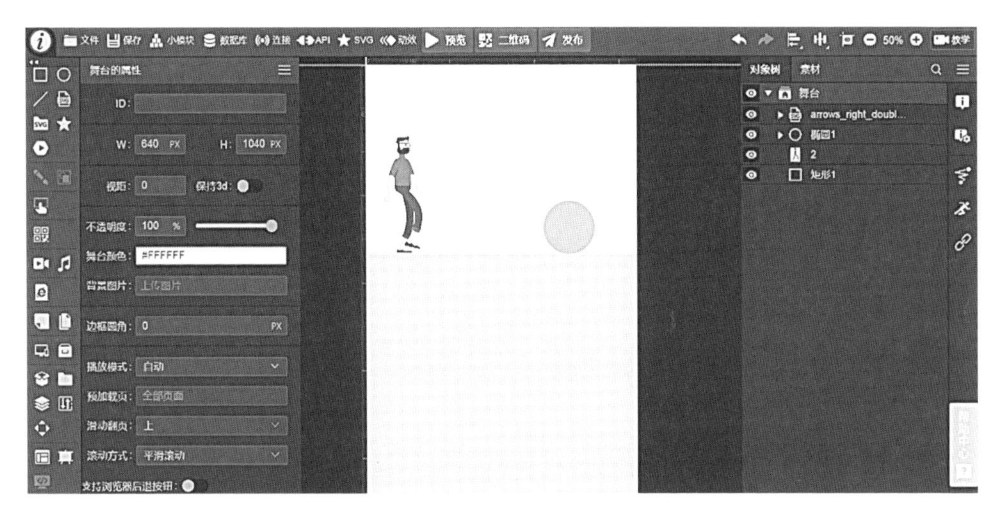

图 4-32　素材准备

（二）添加动效

选中椭圆层，点击动效栏，选择“飞出（向右）”动效，为椭圆添加一个向右飞出的动效，在动效属性栏中将播放速度改为“2”，轨迹类型选择直线型。要注意的是，我们希望圆球在没有被踢中时是不会飞出画面的，所以不要勾选自动播放（图 4-33）。

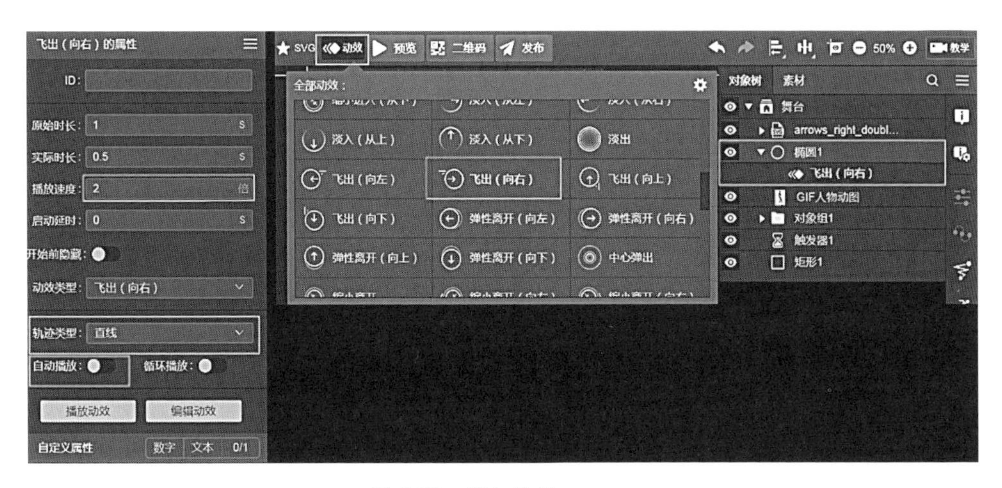

图 4-33　添加动效

（三）设置对象组

在左侧工具栏中点击“对象组”，在画布拖动鼠标中画出一个矩形条，完成对象组的创建，设置对象组的 X、Y 轴坐标及长、宽数值（图 4-34）。点击菜单栏中的 SVG 选项，在对象组内创建一个 SVG 手指形状作为按钮，并将其放置在矩形条左方，创建形状时要确保手指形状层必须在对象组内，是对象组的子物体。

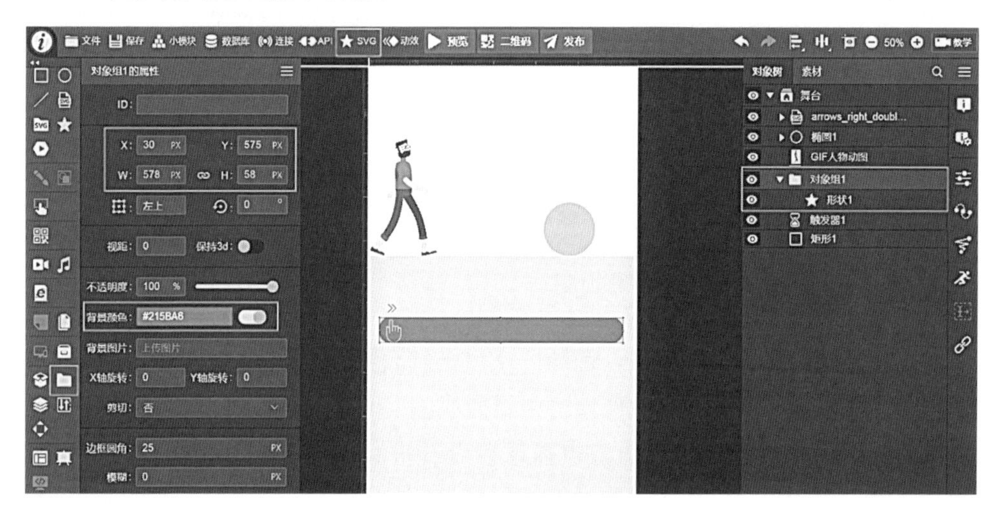

图 4-34 设置对象组

（四）设置形状属性

点击形状层，在它的属性栏中将拖动方式设为“左右”拖动，限制拖动的方向为水平方向，开启拖动边界，将边界宽设为 20 像素点。边界指的是用户在手机屏幕中拖动对象的范围。如果没有开启边界，那么可以将物体对象拖动至任何区域；如果开启了边界，那么对象的拖动范围将受到它的父物体的限制。比如本例中手指按钮是对象组的子物体，那么父物体对象组的长和宽即“形状 1”可移动的范围参数。完成上述设置后点击左侧工具栏中的“触发器”按钮，添加一个触发器（图 4-35），手指按钮只能在固定矩形条内左右移动。

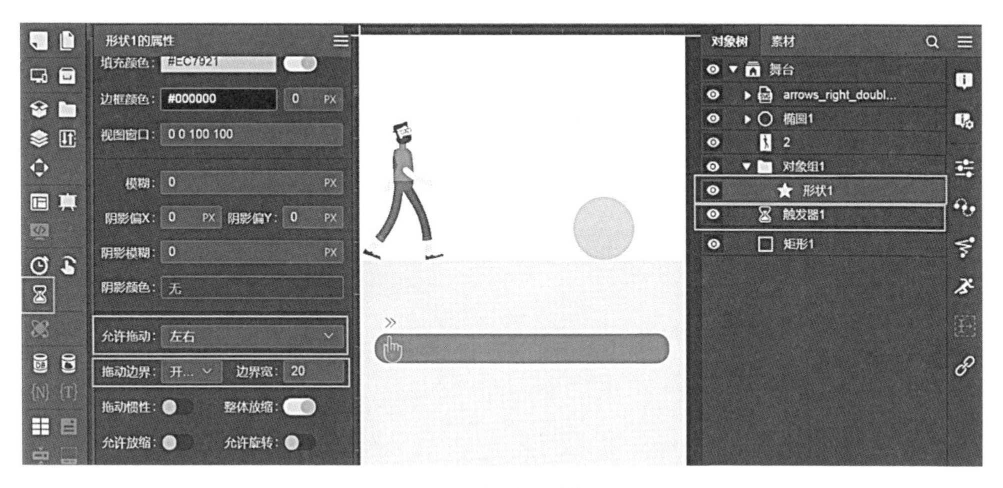

图 4-35　设置形状属性

（五）为“形状 1”手指按钮添加“事件”

选中“形状 1”层，点击右上方的“事件”按钮，为它添加一个事件，在事件属性栏中将触发条件选为“手指按下”，目标对象选为“触发器 1”，目标动作选为“播放”。单击属性栏中的“事件+”按钮，为“形状 1”再添加一个事件，将触发条件改为“手指松开”，目标动作改为“暂停”。设置完“形状 1”的事件后，当用户按下手指按钮时，就会激活触发器的播放，松开时触发器即停止播放（图 4-36）。

图 4-36　为“形状 1”手指按钮添加“事件”

（六）设置触发器的事件属性

为触发器添加一个事件，将触发条件选为“触发”，目标对象选为

"GIF 人物动图"，目标动作选择"设置属性"，将"GIF 人物动图"的 X 轴坐标设置成与"形状 1"的 X 轴坐标同步。设置完成后，当用户朝水平方向拖动"形状 1"手指按钮时，触发器将触发 GIF 人物同步跟随朝水平方向移动（图 4-37）。

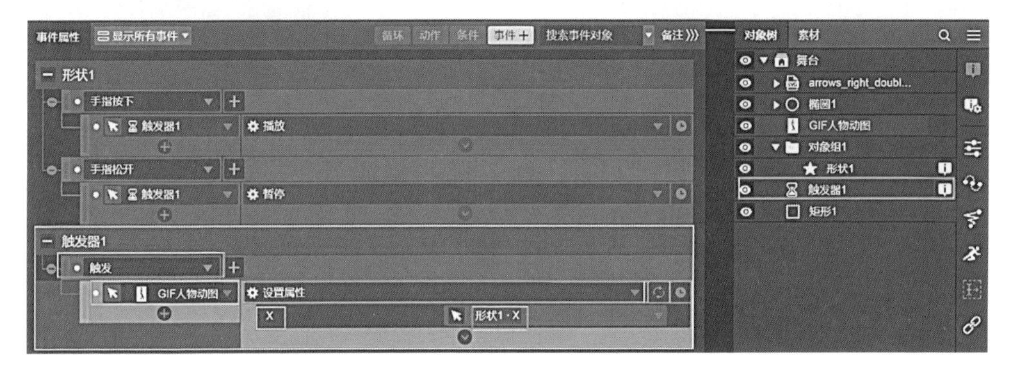

图 4-37　设置触发器的事件属性

（七）设置 GIF 人物踢球效果

为"GIF 人物动图"添加一个事件，将触发条件选为"开始重叠"，重叠对象选为"椭圆 1"，目标对象选为"飞出（向右）"动效，目标动作选为播放。当"GIF 人物动图"移动至"椭圆 1"附近并与它开始重叠的时候，椭圆的"飞出（向右）"动效便开始播放。具体设置如图 4-38 所示。

图 4-38　设置 GiF 人物踢球效果

（八）效果预览

用手机扫描二维码，用手指按住按钮向右拖动时，上方的人物便跟随移动。当人物触碰到球体时，球体飞出画面（图 4-39）。

图 4-39 效果预览

四、涂抹型交互技术

涂抹型交互是指手指在手机屏幕上涂抹时可以画出对应的图形或者触发一系列的动作和结果，比如常见的刮奖互动，用手指涂抹将覆盖在上方的图像抹去，即可显示中奖信息。“涂抹”型交互可以给予用户更大的自主行为空间，因此，这种交互的用户参与度更高。本案例将设计一个涂抹画画的交互游戏，同时还为用户提供了画笔的大小与几种色彩的选项。用户在指定区域用手指涂抹时可以画出简单的图像，在涂抹过程中可以使用橡皮进行擦除或者直接点击清除按钮，完成绘制后可以提交并生成最终的效果。

涂抹型交互技术

（一）素材准备

首先点击左边工具栏中的“对象组”按钮，在画布上按住左键拖动，创建一个对象组，将对象组的大小设为“640×1 040 像素点”，X、Y 轴坐标设为“0”，使对象组与画布完全重合，并将对象组的剪切功能开启（开启后，对象组区域外面的对象将不会显示）。然后单击工具栏中的“画布”

按钮，为舞台添加一个画布，移动画布，设置画布尺寸，将其长、宽设为635×730像素点（图4-40）。

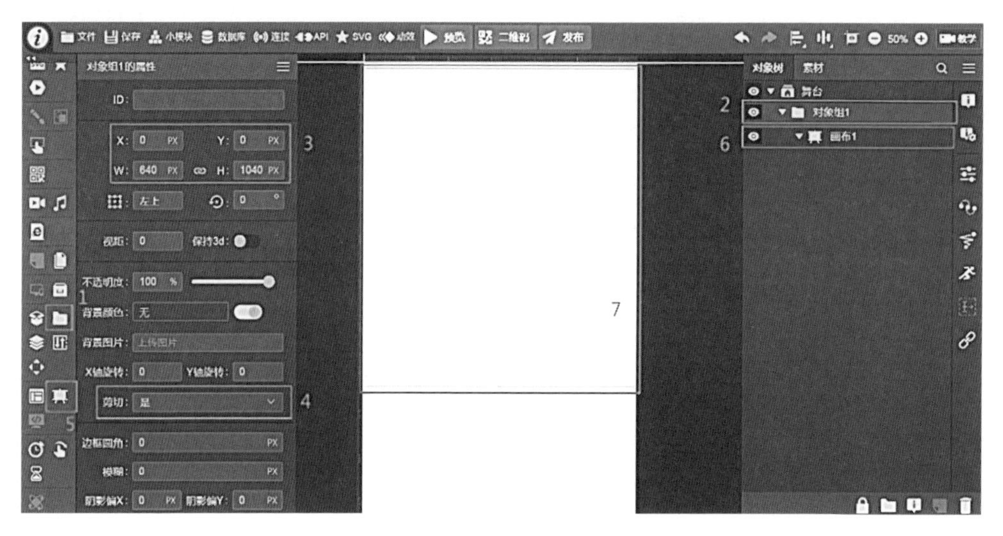

图4-40　素材准备

（二）添加素材

激活画布层级，将画框图片素材导入画布层，调整其大小位置，在工具栏中选择“画图”工具，按住鼠标左键在画框上方画出一个与画框图片相仿的区域，并在它的属性栏中将画笔颜色改为黑色，设置大小为1个像素。此时点击“预览”，即可在屏幕上涂抹绘制出一个像素点大小的黑色图像。继续点击工具栏中的“容器”工具，为舞台添加一个容器（容器主要起到收纳归类素材的作用）。在容器内绘制三个不同直径的圆作为手指涂抹时的画笔选项，另外再创建添加按钮、橡皮等素材，将所有素材摆放到合适位置（图4-41）。

（三）设置“涂抹”交互功能

选中“椭圆1”层，为它添加一个事件，在事件属性栏中将触发条件设为“点击”，目标对象设为“画图1”，目标动作设为“设置属性”，在下拉菜单中将“描边宽度”设为10个像素。设置完成后，当我们点击“椭圆1”在屏幕上涂抹时所画出线条的宽度为10个像素（图4-42）。

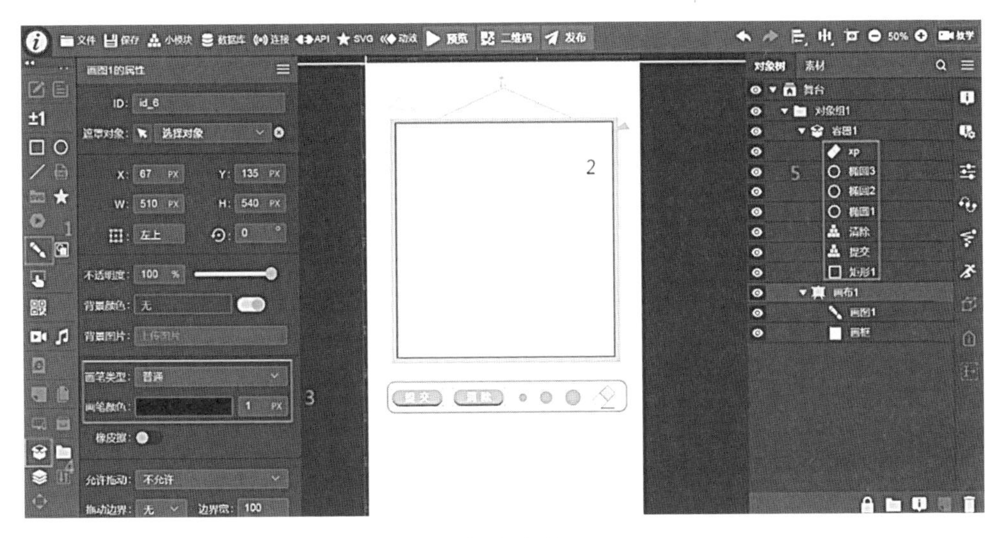

图 4-41　添加素材

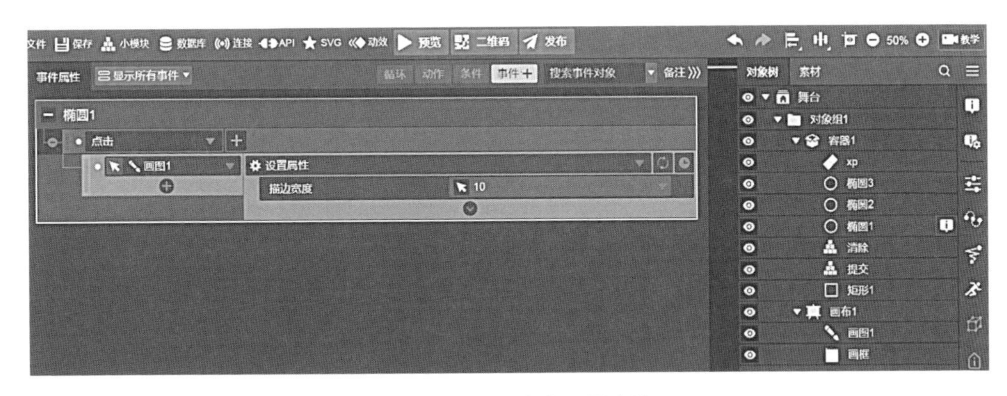

图 4-42　“涂抹”交互功能设置步骤 1

用同样的方法为“椭圆 2”和“椭圆 3”添加事件，注意将“描边宽度”分别设为 20 像素和 30 像素（图 4-43）。

（四）设置擦除功能

为“橡皮”层添加一个事件，在事件属性栏中将目标动作选为“设置属性”，并在下拉菜单中将橡皮擦功能开启，把橡皮擦的大小设置为 25 个像素；继续为“清除”层添加事件，将它的目标动作选择为“清除对象”。这样当我们在手机屏幕上点击“橡皮”按钮时便可以 25 个像素大小的橡

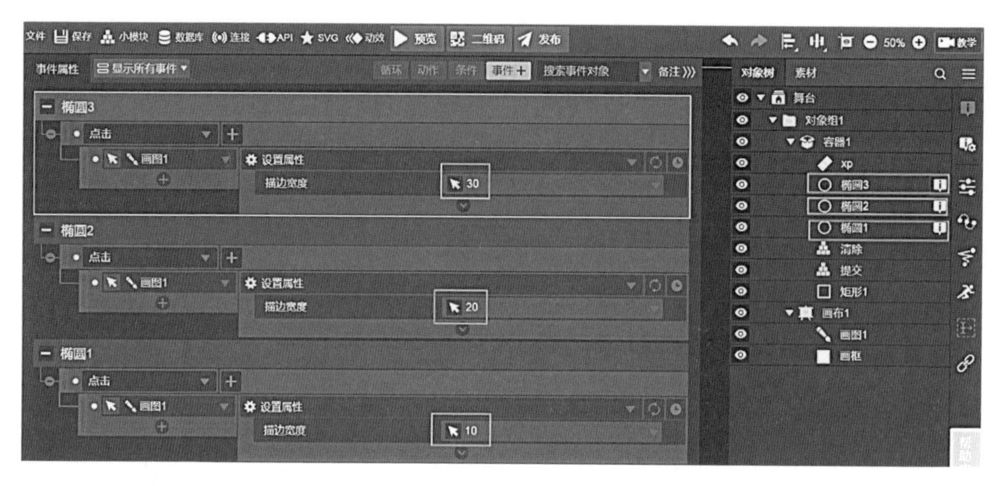

图 4-43　“涂抹”交互功能设置步骤 2

皮对图像进行擦除。点击“清除”按钮时可以直接全部清除，恢复初始画面（图 4-44）。

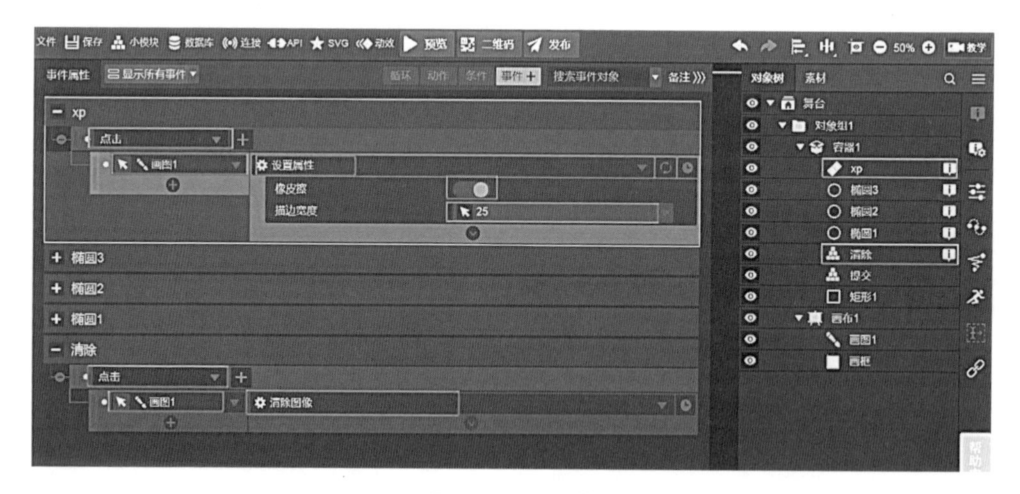

图 4-44　设置擦除功能

（五）为画笔添加调色盘

目前当我们在手机屏幕上涂抹时画出的图像是黑色的，接下来为画笔提供几种色彩供用户选择。色彩种类的数量越多，需要设置的步骤也越多，但设置的原理和方法是不变的。

步骤 1：创建调色盘素材。选择“对象组”层级，在属性栏中将剪切先回到“否”取消剪切功能以便观察。在菜单栏的“SVG”中调入一个箭头按钮并调整其大小、颜色和位置，在箭头上方创建“调色盘”文本作为提示文本。继续点击左边工具栏中的“容器”按钮，创建一个容器，并在容器层内绘制 6 个椭圆，分别设置 6 种不同颜色作为调色盘供用户选择，最后将 6 个椭圆放在矩形框内一起移到画布的下方。设置完成后，用户进入页面时看不到调色盘，只有点击箭头按钮时，调色盘才会从下方进入屏幕显示出来（图 4-45）。

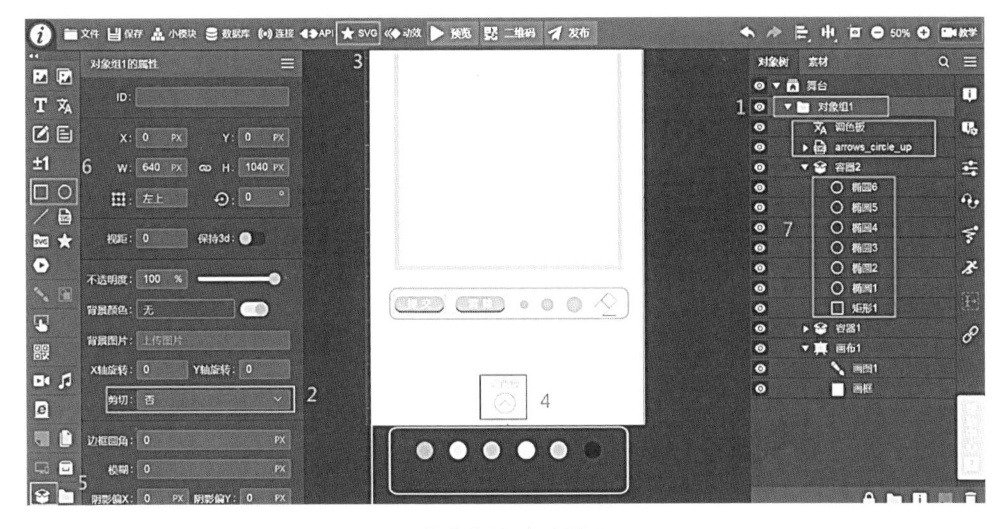

图 4-45 **添加调色盘步骤** 1

步骤 2：设置调色盘的事件。本例绘制了六个椭圆。每一个椭圆代表一种颜色选项。我们希望当用户点击其中的一个椭圆时就能以这个椭圆的颜色在屏幕上画图，所以必须对每个椭圆设置事件。依次选中椭圆层为它添加事件，将目标动作选择为“设置属性”，在“设置属性”的下拉菜单中选择“画笔颜色”，将画笔颜色选为对应的椭圆的填充颜色。比如“椭圆 6”的事件属性中对应的画笔颜色就应该是“椭圆 6”的填充颜色（图 4-46）。

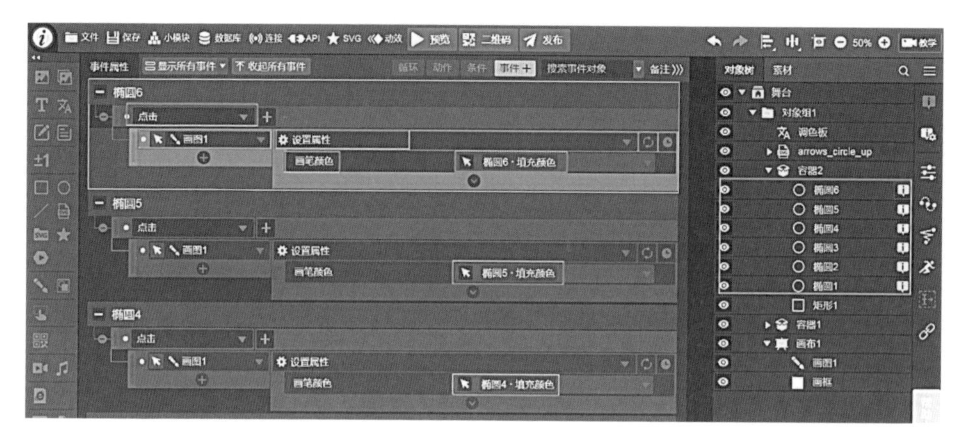

图 4-46　添加调色盘步骤 2

（六）设置箭头按钮播放功能

为了实现用户点击箭头按钮时调色盘进入手机屏幕，继续点击箭头后调色盘又移出屏幕这个交互效果，我们首先需要为“容器 2”和“箭头按钮”设定轨迹动画，然后给箭头按钮添加事件。

步骤 1：为“容器 2”和“箭头按钮”设定轨迹动画。

点击“容器”层，单击右边的“轨迹”按钮，为容器添加一个轨迹，在轨迹属性中将原始时长设为“1 秒”，在下方弹出的时间轴中分别在 0 秒和 1 秒的位置单击黄色添加关键帧图标，为容器添加起始关键帧和结束关键帧（图 4-47）。

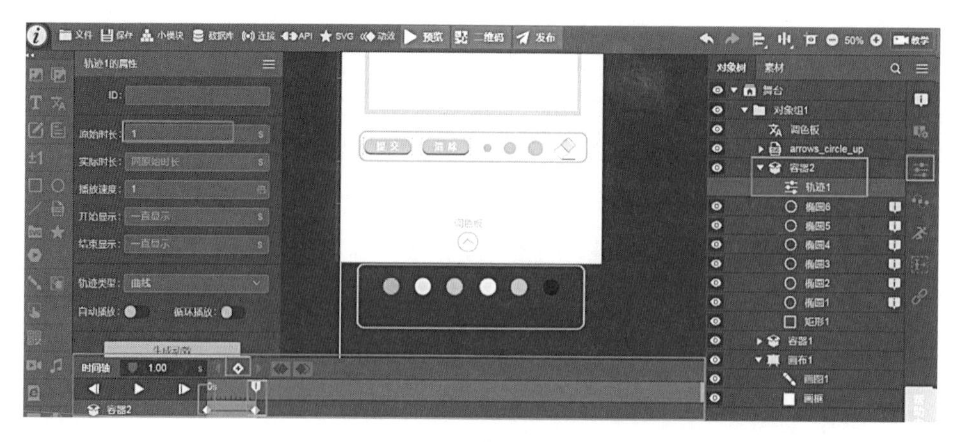

图 4-47　轨迹动画设定步骤 1

选中结束关键帧，确保关键帧图标显示为黄色时，在“容器 2”属性栏中将“容器 2”的 Y 轴坐标改为“-235”，此时可以观察到调色盘的相关对象均向上移动至画面中，点击时间轴中的“播放”图标可观察调色盘的移动动画（图 4-48）。

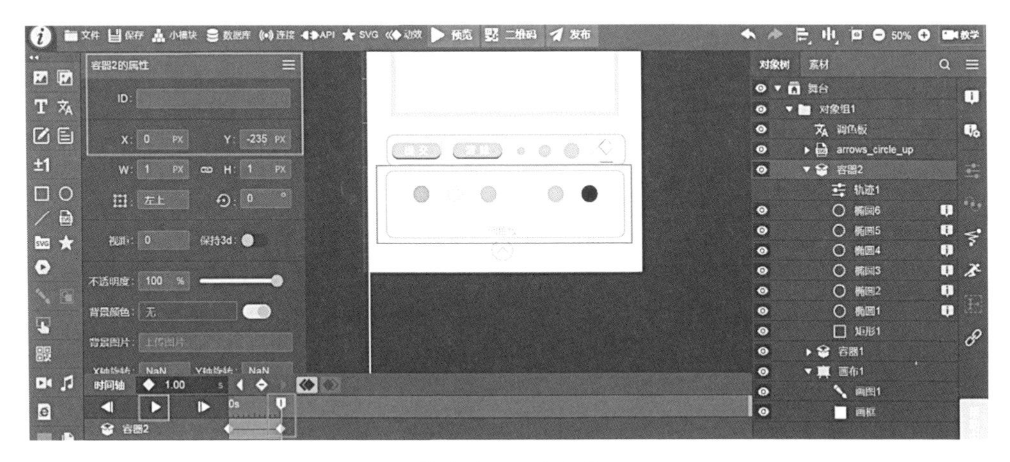

图 4-48 轨迹动画设定步骤 2

用同样的方法为“箭头按钮”设定旋转 180°的动画。点击时间轴中的“播放”图标可观察到“箭头按钮”会在原地旋转 180°（图 4-49）。

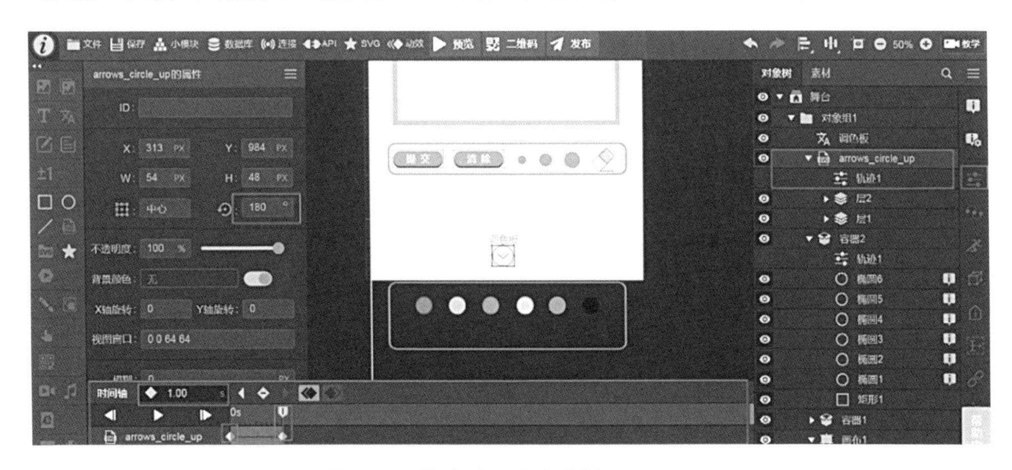

图 4-49 轨迹动画设定步骤 3

步骤 2：给“箭头按钮”添加事件。

“容器 2”和“箭头按钮”的动画设定完成后，我们需要通过设置事件让动画进行播放。选中“箭头按钮”层，给它添加一个事件，点击事件属性面板中的“事件+”图标，为“箭头按钮”层再增加一个事件，也就是说当用户在手机屏幕上点击箭头按钮时会发生两个事件。在两个事件属性栏中分别将目标对象选择为“轨迹 1”和“轨迹 2”，即“容器 2”的移动动画和“箭头按钮”的旋转动画。最后将目标动作选择为“交替方向播放”。“交替方向播放”指的是当用户重复点击按钮时，动画会来回反复播放（图 4-50）。

图 4-50　给“箭头按钮”添加事件

（七）交互效果预览

在效果预览前需要将对象组的“剪切”功能开启：选择“对象组”层，在属性面板中的“剪切”选项框中选择“是”，完成整个案例。用手机扫描二维码，用户可以选择不同的画笔大小进行画图；点击箭头按钮，让调色板进入屏幕供用户选择颜色；再次点击箭头按钮，将调色板移出手机屏幕（图 4-51）。

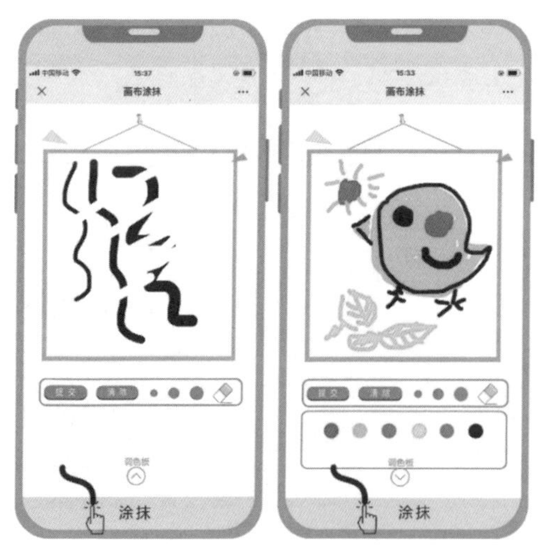

图 4-51　交互效果预览

（八）打印画布

打印画布是指程序把用户在手

机屏幕上涂抹画出的图像记录下来，并将其显示在一个新的页面上供用户下载分享。这个功能可以提高用户的使用兴趣，同时可以利用用户展示分享的心理需求提升作品传播效果。

步骤 1：创建页面。

点击选项舞台层级，单击左边工具栏中的“页面”图标，为舞台添加两个页面。首先将“对象组”层拖进“页面 1”，然后在“页面 2”层级下方导入画框图片素材，将其命名为“画框 2”（图 4-52）。

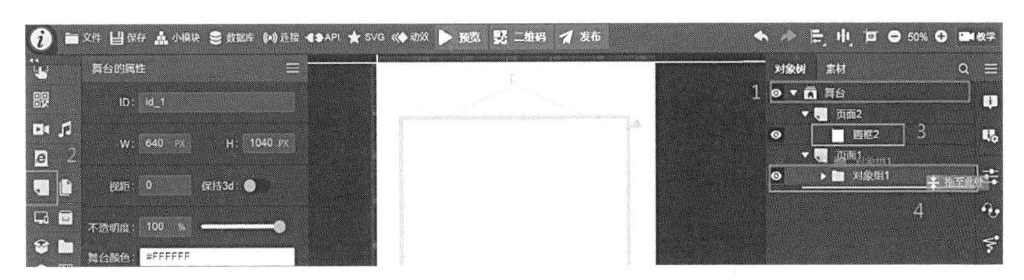

图 4-52 创建页面

步骤 2：打印画布。

点击选择“提交”层，为它添加一个事件，在事件属性栏中点击“+”图标，为它增加一个目标动作。将第一个目标动作选择为“打印画布”，图片格式选择为“PNG”，输出对象选择为“画框 2”。将第二个目标动作选择为“跳转到页面”，指定跳转页面为“页面 2”。程序将会把用户涂抹绘制的图像记录成 PNG 图片显示在“页面 2”层级下的“画框 2”图片上（图 4-53）。

步骤 3：预览效果（图 4-54）。

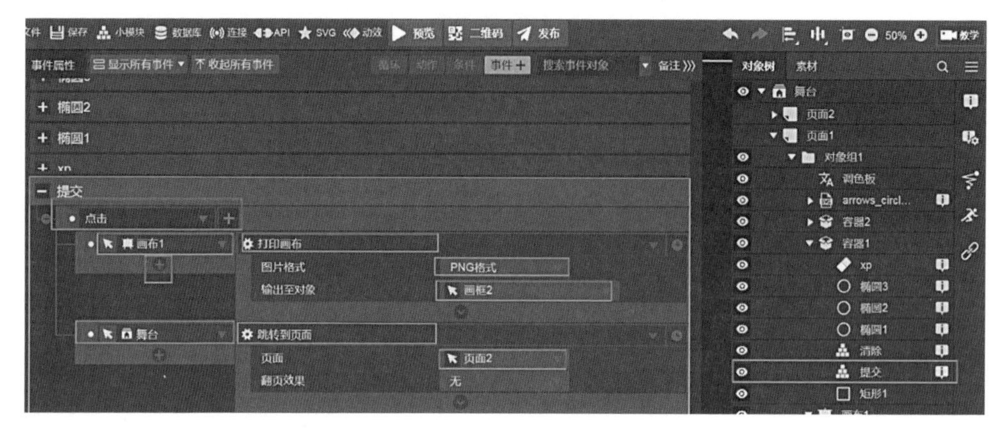

图 4-53 打印画布

图 4-54 效果预览

五、滑动型交互技术

滑动交互是移动媒介端常见的交互方式。用户在手机上的滑动方式通常有短滑动、长滑动、左右滑动和上下滑动。通过手指在屏幕端的滑动，完成的指令通常是页面的跳转，比如翻页或者长页面的滑动。在 iH5 中只要创建多个页面就可以实现滑动型交互，也可以结合其他工具实现更丰富的滑动交互功能。常见的工具有“滑动时间轴”。本例将结合“滑动时间轴”工具，介绍左右横向滑动页面的效果。

（一）素材准备

点击工具栏中的“滑动时间轴”按钮和“对象组”按钮，在画布中拖动创建一个“滑动时间轴”和“对象组”，将它们的宽和高设为“640×1040”，X、Y 轴坐标设为“0”。点击“对象组”层级，在“对象组”下导入 6 张园林素材图片，将 6 张图片的 X 轴坐标依次设为 0、-640、-1280、-1920、-2560、3200，使 6 张图片依次紧密排列。最后再导入一张底图放在对象组的上方层级。底图是一张挖去圆孔的白色图片，用来遮盖下方图片，增加画面层次（图 4-55）。

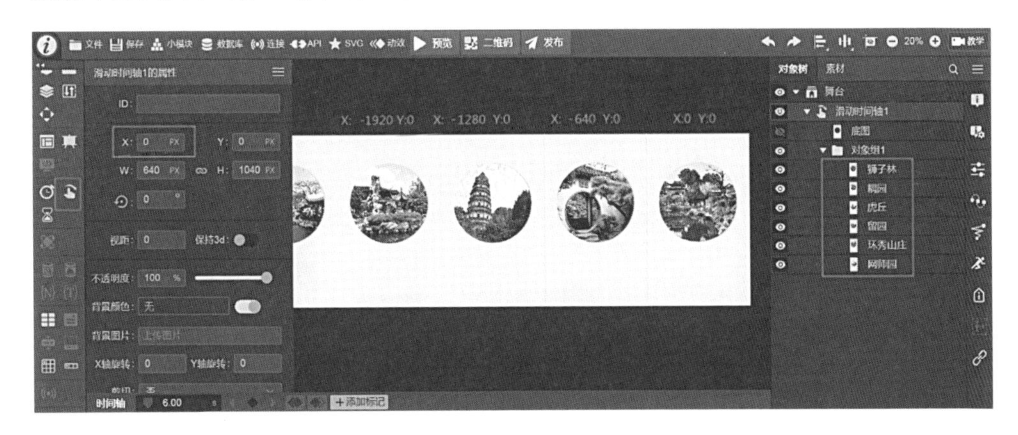

图 4-55　素材准备

（二）准备文本素材

点击左边工具栏中的“中文字体”按钮创建文本素材，依次为 6 张园林图片创建对应的文本，比如“狮子林”的图片对应的即“狮子林”的介绍文字。需要注意的是，所有的文本都是重叠在同一个位置的，如果需要方便观察可以将其他文本隐藏（图 4-56）。

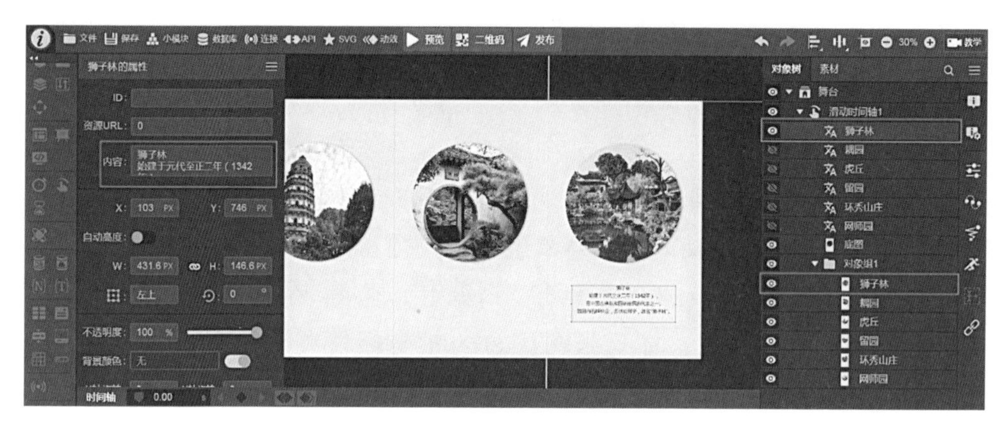

图 4-56　准备文本素材

（三）为“对象组”添加“轨迹”

选中“对象组”层，点击右方的“轨迹”按钮，为它添加一个轨迹，在轨迹属性栏中将结束时间设为“6”秒（图 4-57）。

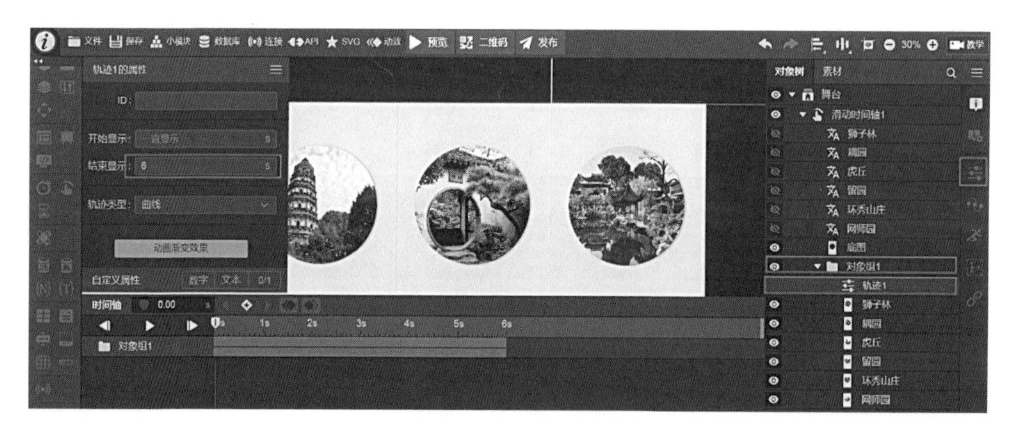

图 4-57　为“对象组”添加轨迹

（四）为“对象组”的轨迹设置关键帧

首先在下方时间轴面板的第 0 秒位置点击“+”，创建第一个关键帧。然后将时间滑块拖到第 1 秒位置，将“对象组”的 X 轴坐标设为“640”后，点击“+”创建第二个关键帧。以此类推，每隔一秒为“对象组”添加一个关键帧，并设置对应的 X 轴坐标，比如第 5 秒时“对象组”的 X 轴坐标应为“3200”，此时点击播放按钮即可观察 6 张图片素材的左右移动播放动画效果（图 4-58）。

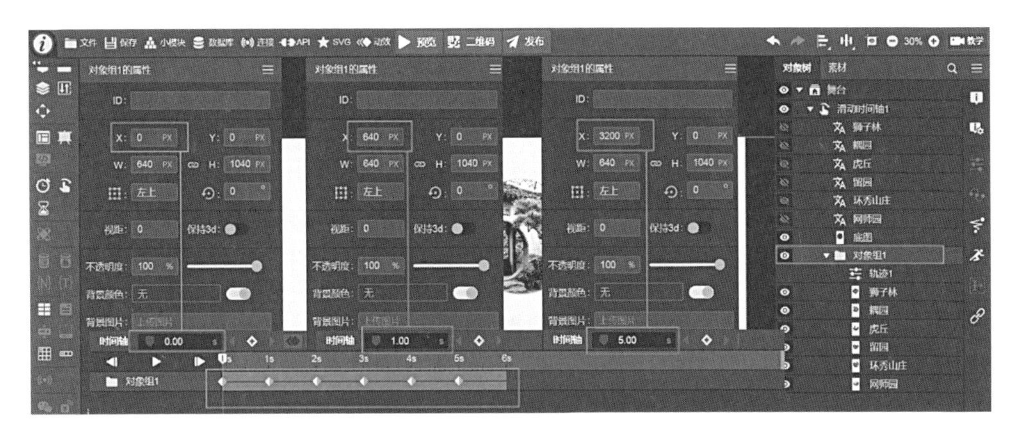

图 4-58　设置关键帧

（五）设置图片循环播放

复制“狮子林”图片层，命名为“狮子林”副本，将其 X 轴坐标改为“–3840”，然后在“对象组”轨迹的第 6 秒处设置关键帧，将“对象组”的 X 轴坐标改为“3840”。设置完成后，这组图片的首尾都是同一张图片，在循环播放时便可以无缝衔接（图 4-59）。

图 4-59　设置图片循环播放

（六）为文本添加轨迹

复制文本层中的“狮子林”将其命名为“狮子林”副本，依次选中文本，为每个文本层添加一个轨迹。根据图片顺序分别在 0、1、2、3、4、

5、6 秒的位置为文本层设置一个关键帧，同时将“开始显示”和“结束显示”的时间间隔设为“0.4”秒，比如“耦园—轨迹 1”的“开始显示”和“结束显示”分别为“0.8”和“1.2”秒，意思就是当播放至“0.8”秒时，“耦园文本”开始显示，播放至“1.2”秒时，文本显示结束。需要注意的是“狮子林”文本与“狮子林”副本文本层的轨迹时间设置，作为起始帧和结束帧，分别显示 0.2 秒，两者相加等于 0.4 秒（图 4-60）。

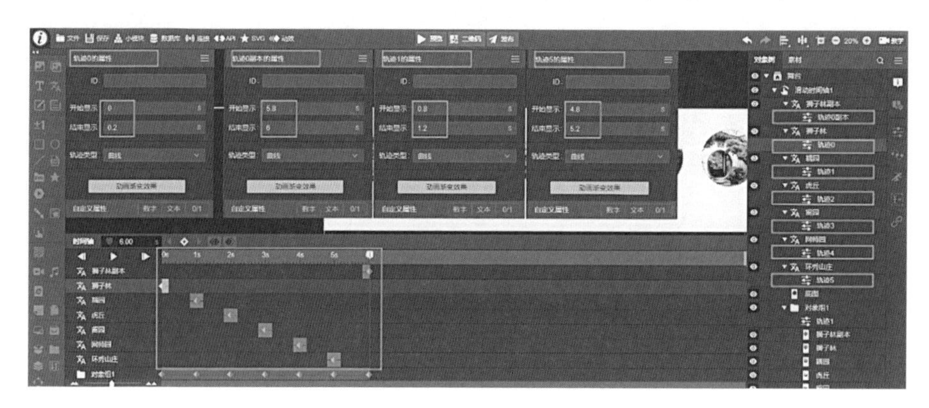

图 4-60 为文本添加轨迹

（七）设置“滑动”方式

选择“滑动时间轴 1”层级，在属性栏中将滑动方向设为“右”，开启循环播放功能。另外，为了能引导用户进行滑动操作，可以在文本上方添加左右相背的箭头指示按钮，并给按钮添加一个循环播放的闪烁动效（图 4-61）。

图 4-61 设置“滑动”方式

（八）效果预览

图 4-62　效果预览

用手机扫描二维码预览效果，用手指在屏幕上左右滑动时 6 张图片可滑动循环播放，并且当每张图片进入画面时便显示出对应的文本内容，而图片离开画面时，对应的文本结束显示（图 4-62）。

六、长按型交互技术

长按型交互指用户用手指在屏幕的固定位置上按下并保持一个相对较长的时间用以触发对应的互动反馈，比如控制视频动画的播放或暂停，长按解锁、识别等。长按型交互具有较强的参与性，因为它需要用户保持一定的专注度才能实现交互结果的反馈。在交互过程中手指按下的时长决定了用户的体验。在碎片化阅读时代，时间过长会消耗用户的新奇度，从而导致用户流失，时间过短则有可能无法完整表达作品的创意，因此，长按的时长必须控制好，既能完整表述又能符合用户的接受心理。本小节将以一个简单的长按后触发播放和暂停动画为例来讲解长按型交互的使用方法。

（一）素材准备

点击舞台属性栏中的“背景图片”导入一幅古风山水作为舞台背景，继续将 GIF 动画素材导入画布，调整大小和角度将其放在山脚位置（图 4-63）。

（二）为 GIF 素材设置动画轨迹

选择 GIF 层，单击右侧的“轨迹”按钮，为它添加一个轨迹，在轨迹属性栏中将“自动播放”取消，勾选“循环播放”。在时间轴中设置关键帧，在每个关键帧位置将 GIF 素材“鹿”的位置和角度调整到山体的合适

图 4-63 素材准备

位置。这部分工作需要仔细调节，可以通过反复播放来观察“鹿”的爬山动作姿态是否流畅自然。另外，当素材“鹿”跳出画面再返回时，需要在素材“鹿”的属性面板中将它的“X 轴旋转”设为 180°翻转，以保持方向正确（图 4-64）。

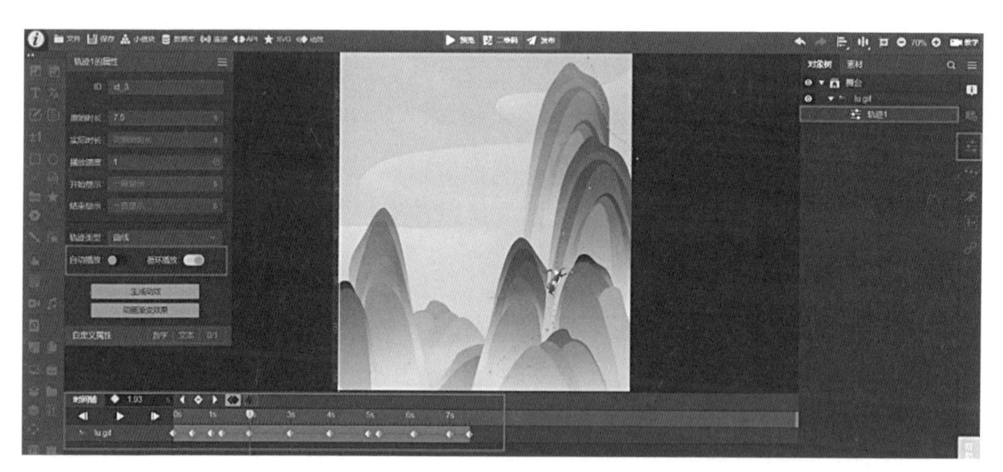

图 4-64 为 GIF 素材设置动画轨迹

（三）创建文字与按钮

继续在舞台上创建文字、SVG 手指按钮及矩形，设置其大小和颜色，并将这几个元素置于合适的位置，以引导用户参与互动（图 4-65）。

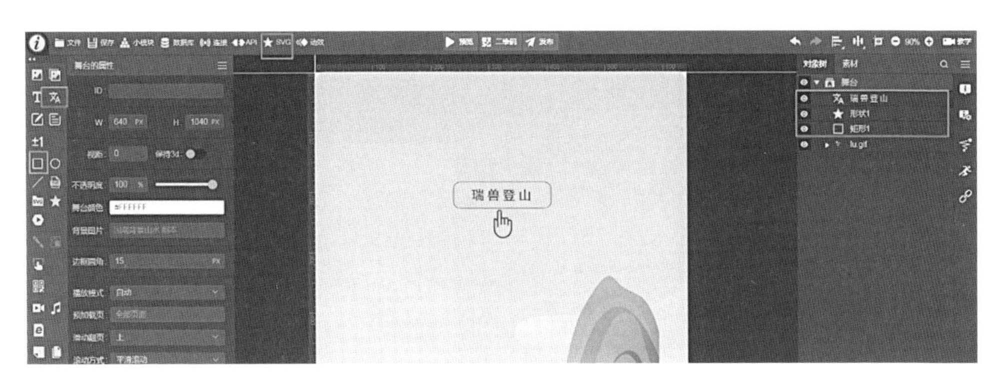

图 4-65 创建文字与按钮

（四）添加透明按钮

点击工具栏中的“透明按钮”，在画布中按住鼠标左键拖出一个透明按钮。它的尺寸要比按钮素材大，并且置于顶层，目的是给用户在手机屏幕上手指按下时留下足够的范围。也就是说，用户不是必须只在文字上方按下屏幕，而是在整个透明按钮矩形框内按下屏幕都可以实现交互功能（图 4-66）。

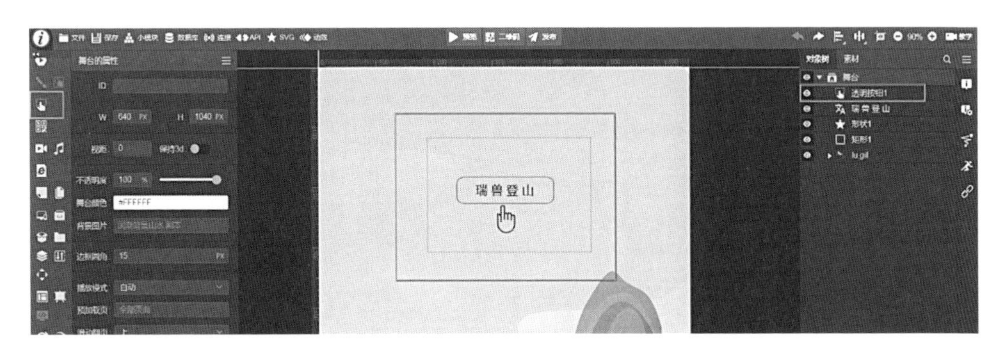

图 4-66 添加透明按钮

（五）设置“长按”交互功能

选择“透明按钮”层，为它添加一个事件，在事件属性栏中单击“事件+”使透明按钮同时完成两个事件。在第一个事件中将触发对象选为“手指按下”，目标动作选为“播放”；在第二个事件中将触发对象选为

“手指松开”，目标动作选为“暂停”；目标对象都选为“轨迹”，完成交互功能的设置（图 4-67）。

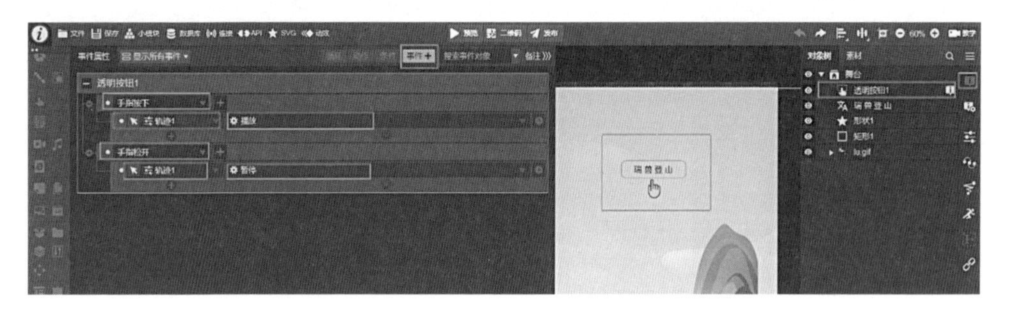

图 4-67 设置“长按”交互功能

（六）效果预览

手机扫描二维码预览效果，当我们在手机屏幕上长按“手指按钮”时，山下方的鹿便开始向上攀爬，一直到山顶，而如果我们在中途松开手指，鹿就停在山腰上（图 4-68）。

图 4-68 效果预览

第五章

交互式虚拟展示应用

数字交互媒介技术的发展为展示设计提供了新的表现形式，也为受众带来了更优质的观看体验。目前在展陈设计领域，各类博物馆、陈列馆等公共文化空间的展示和各种品牌的商业展览展示已经广泛应用虚拟现实技术，借用移动互联网实现交互式虚拟展示。人们足不出户就可以在手机上观看展品。这种交互式虚拟展示相比传统的展陈方式更有趣、更便捷，它解决了诸如空间、时间等方面的条件限制问题。特别是对一些特殊物品的展示，比如不能长时间拿出来展示的珍贵文物，或者是某种无法以静态陈列的方式展出的内容等，通过数字技术将其数字化复原后再现出来，以虚拟的方式进行展陈能够有效解决上述各种问题。在数字化、信息化的背景下，交互式虚拟展示对于信息的传播具有重要的作用。

第一节　交互式虚拟展示的类型与特点

交互式虚拟展示是将展出物象或者空间进行数字化处理之后，以数字图像的形式在数字交互媒介端呈现给用户，并且用户在观看的时候能够与图像进行互动的一种新型展陈形态。交互式虚拟展示的主要特征首先表现为图像的虚拟再现性。虚拟展示不是现场实物实景展示。我们在数字媒介端看到的图像是数字图像，它可以是照片，也可以是数字模拟的，但图像是真实的或者是具有真实性的。其次，交互式虚拟展示能够为受众提供人与图像的互动功能，比如我们可以选择、点击、放大观看，也可以 720°全角度观看。这是传统展示所不具备的功能。再次，交互式虚拟展示具有超时空性。借用移动传播技术，我们可以在任何时间、任何地点观看。但虚拟展示终究是虚拟性的，这与面对面的在场观看还是有一定的差别。

从制作技术和成像方法的角度来看，交互式虚拟展示包括两种主要类型：一种是基于实景拍摄的交互式虚拟展示；另一种是基于三维软件建模成像的交互式虚拟展示。

一、全景拍摄型交互式虚拟展示

全景拍摄型属于实景图像的交互式虚拟展示，呈现的图像是真实的，图像来源于真实世界。这种类型通常使用全覆盖的方式对空间环境或者物体进行拍摄，然后将照片进行拼接、缝合之后形成一个虚拟空间。用户在进入空间后所看到的景象是真实的，具有较强的真实感。这种类型的优点是制作技术较为简单，真实感强，尤其是能以二维码或者网页链接的方式通过社交媒体进行传播，方便用户观看和参与。

二、基于三维软件建模成像的交互式虚拟展示

基于三维软件建模成像的交互式虚拟展示的主要特点是其所呈现的图像不是拍摄所得的，而是通过如 3ds Max、Maya 等三维软件制作出来的模型、空间。这种图像是基于软件技术实现的。虽然这类图像不是真实拍摄所得，但它来源于物理世界，是对真实客观世界的模仿与复制，属于真实世界的图像再造，这种再造甚至可以做到比实物拍摄更加具体、细腻，比如三维扫描成像所得的细节比拍照更加丰富。基于三维软件建模成像的交互式虚拟展示对制作技术要求较高，比如需要应用三维建模技术及交互引擎软件。目前主流的引擎有 UE4、Unity，UE4、Unity 具有实时渲染的功能，即视即所得，解决了很多早期渲染、材质等方面的技术问题。交互式引擎下的虚拟图像可以在 PC 网页上与用户互动，也可以通过连接 VR 眼镜头盔进行展示，在移动互联网端的展示目前还不够成熟。

第二节　VR 全景图虚拟展示设计

线上 VR 全景展示是采用特殊的拍摄方式将实景展示照片通过拼接软件拼接缝合成 720°全景图片，在相关平台上发布后，使用户可以在手机及电脑网页端通过鼠标和手指触控的方式进行 720°观看的虚拟展示形式。

一、VR 全景图虚拟展示的特点与应用

线上 VR 全景技术可以 720°全面地展示真实场景内的内容。通过在手机屏幕上用手指滑动或者双指捏放的交互方式，用户可以在任意角度观看、走进或远离场景对象，还能将多个场景连接起来成为场景漫游系统；另外，用户可以点击屏幕在不同场景间切换，观看不同场景的内容。目前 720°VR 全景拍摄技术逐步成熟，越来越受到人们的欢迎，广泛运用于景区、企业、校园、展会等营销推广上。线上 VR 全景在展示与宣传领域的优势主要有以下几点：

其一，较强的真实感和在场感。VR 全景图来源于实拍，形成的图像是真实具体的。其真实性与三维技术制作的 3D 模拟场景有很大的差别。用户在手机或电脑端点击进入 VR 全景后游走于各个空间，具有较强的在场感。

其二，可以实现更即时、跨时空的传播。当用户无法进入真实场景时，线上 VR 全景可以解决这一问题。借助新的媒介技术，展示宣传主体可以实现即时即地的场景呈现，使实现实物和环境在移动网页端再现，用户可以随时随地了解展示信息。

其三，制作周期短、成本低。线上 VR 全景制作不需要太复杂的技术和设备，完成一个项目的时间不长，能较好地满足企业、政府、展馆等机构的宣传推广需求。

本节将详细讲解 VR 全景图的制作设备、拍摄、后期软件编辑、平台发布与微信推送的技术方法，通过具体的案例实践，让读者掌握线上 VR 全景展示这类交互应用的设计制作。

二、VR 全景图虚拟展示技术详解

（一）VR 全景图的拍摄设备与后期编辑软件

VR 全景图的制作所用工具比较简单，但也有其特殊之处，分为拍摄设备和后期编辑软件。

1. 拍摄设备

目前 VR 全景图的拍摄设备品类众多，很多设备越来越智能化、自动化，比如“Insta360 ONE X2”全景相机（图 5-1）、“小红屋”全景相机（图 5-2）等。全景相机拍摄简便，结合对应的 App 可以智能地拍摄制作全景图。除了上述优势外，全景相机拍摄制作全景图也存在像素相对不足、后期编辑调整的可控性相对不强等缺点。

图 5-1 Insta360 ONE X2 全景相机

图 5-2 小红屋全景相机

本书采用的是单反相机拍摄方式。使用单反相机拍摄的图片像素高、画质清晰。利用后期编辑软件可以对图片进行色彩和曝光的调整。另外，拼接图片时也可以手动调整得更为准确。具体拍摄设备有单反相机（图 5-3）、鱼眼镜头或广角镜头、三脚架、720°全景云台（图 5-4）。单反相机以全画幅为佳。使用鱼眼镜头可以拍摄更广的视角，能减少拍摄的张数，方便后期编辑。如果没有鱼眼镜头我们也可以使用广角镜头。本案例采用的是 18 毫米的广角镜头。720°旋转云台用于在固定点位进行水平和垂直旋转拍摄，使拍摄的照片点位衔接准确，后期拼接精准。

2. 后期编辑软件

后期编辑软件主要用到 Photomatix、Photoshop、Lightroom、PTGui、Pano2VR 这几个软件。虽然所用软件数量较多，但操作不复杂。在全景图后期编辑软件中，Photomatix 用于把多个不同曝光的照片混合成一张照片，并保持高光和阴影区的细节；Lightroom 用于调色；PTGui 是业内常

图 5-3　单反相机

图 5-4　720°全景云台

用的全景图拼接软件，它提供可视化的界面来拼接图像，能自动识别镜头参数和图像的重叠区域，以控制点的方式进行缝合；Pano2VR 在全景图后期处理中用来打补丁，比如去除地面三脚架、顶部或者底部的缺口。

（二）全景图的拍摄

拍摄全景是指按照一个固定的旋转角度对所拍摄的环境依次旋转拍摄，将场景 720°全部拍摄记录。场景通常分为室内空间和室外空间。不同空间大小和光线对于拍摄的要求也不同。

1. 安装调试拍摄设备

720°全景旋转云台的安装可根据产品说明进行安装。实际拍摄中重要的是对单反相机参数进行设置。本书以尼康相机为例，具体设置如下：

（1）包围曝光

按住“BKT”按钮，左右调节相机前后两端的旋钮，将拍摄张数调为 3 张，曝光调为 2 档（图 5-5、图 5-6）。

图 5-5 包围曝光设置 1

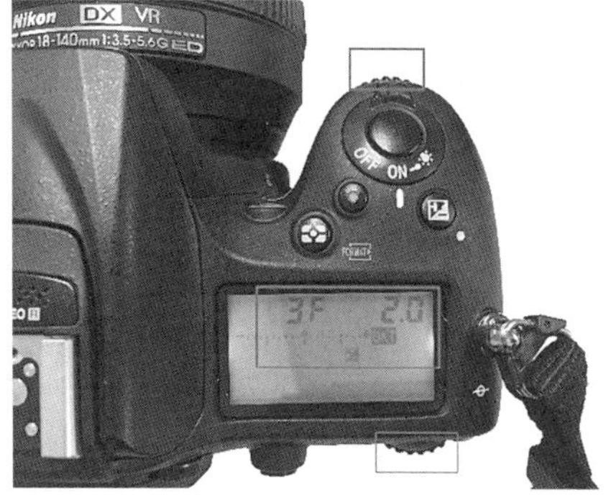

图 5-6 包围曝光设置 2

曝光包围是指在一次拍摄中，以中间曝光值、减少曝光值和增加曝光值的方式，拍摄完成 3~5 张不同曝光量的照片，以供后期软件中合成一张照片。在实际拍摄场景中采用减少曝光值的方式可以将场景中过亮区域的图像细节拍摄清楚，同时采用增加曝光值的方式可以将场景中过暗的细节拍摄清楚。经过后期合成后，可以解决最终全景图中因暗部过黑和亮部过曝所导致的场景细节缺失的问题。

（2）光圈、快门、ISO

光圈的作用是控制光线进入相机传感器的量。光圈越大，F 值越小，进入镜头的光线就越多，景深就越小，所拍摄的照片远景也就越虚；反之，光圈越小，F 值越大，拍摄的画面远景就越清晰。我们拍摄全景图要求近景与远景处的对象都能保持清晰度，如果远景图像虚化，那么在手机页面进入 VR 全景图中走进或者放大场景时所看到的图像将是模糊的，所以 VR 全景图的拍摄光圈 F 值不能低于 8，本案例的光圈 F 值为 8（图 5-7）。另外，快门速度与 ISO 数值根据具体拍摄环境来设定，本例不做分析。

图 5-7 光圈设置

图 5-8　拍摄模式

（3）拍摄模式

本例采用 M 手动挡，连拍模式，每次按下快门连续拍摄三张不同曝光值的照片（图 5-8）。

2. 拍摄

拍摄设备安装完成和相机参数设置好之后，可开始进入实际拍摄工作。全景图的拍摄需要在一个固定点位依次对水平方向、仰角方向和俯角方向进行 360°旋转拍摄才能完成，所以实际拍摄时最重要的是拍摄角度与拍摄张数的计算。具体角度与张数需要根据所使用鱼眼镜头或广角镜头的焦段来计算。计算基础是临近两个角度的照片必须保证 25%及以上的图像重叠，这样后期编辑软件才能准确识别并进行拼接（图 5-9）。

图 5-9　图像重叠区域示意

根据 25%及以上图像重叠的标准，以 14 mm 镜头为例，以 60°为基准，每隔 60°拍摄一次，相邻角度的照片可以保证 25%及以上图像重叠。

步骤 1：水平方向拍摄。依次旋转全景云台下方旋钮，在 0°、60°、

120°、180°、240°、300° 这六个角度分别拍摄一次，每个角度采用包围曝光连拍模式拍摄 3 张不同曝光值的照片，一共拍摄 18 张（图 5-10）。

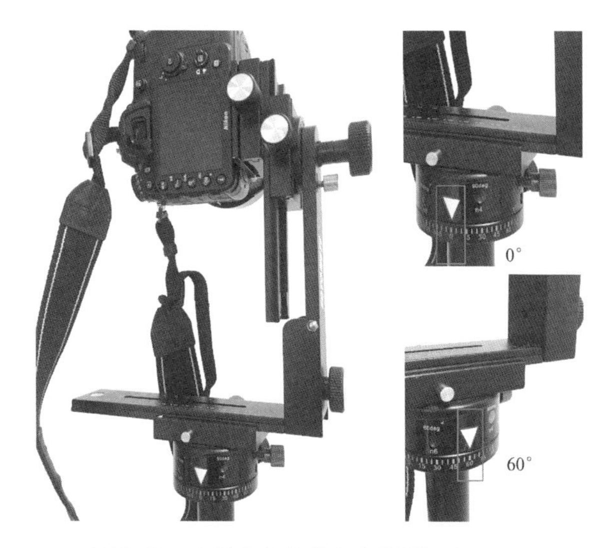

图 5-10　全景云台旋转角度拍摄示意 1

步骤 2：仰视视角拍摄。保持三脚架位置不变，旋转云台上方旋钮使相机向上仰角 60°后固定相机，同样，依次旋转全景云台下方旋钮，每隔 60°拍摄一次，一共拍摄 18 张照片（图 5-11）。

步骤 3：俯视视角拍摄。保持三脚架位置不变，旋转云台上方旋钮使相机向下俯角 60°后固定相机，同样依次旋转全景云台下方旋钮，每隔 60°拍摄一次，一共拍摄 18 张照片（图 5-12）。

图 5-11　全景云台旋转角度拍摄示意 2　　图 5-12　全景云台旋转角度拍摄示意 3

需要注意的是，同一个角度点位在水平方向、仰视视角和俯视视角所拍摄的照片也必须有足够的图像重叠（图 5-13）。

图 5-13　仰视视角、水平视角和俯视视角图像重叠区域示意

以上为全景图拍摄的具体方法和注意事项。在实际拍摄过程中，拍摄者需要根据自己的设备情况和实际拍摄场景的特点进行调整，比如，如果使用的是 18 mm 焦段的镜头，为保证图像重叠，那么拍摄旋转的角度可调整为 45°，共 8 个点位，每个点位采用包围曝光连拍模式拍摄 3 张不同曝光值的照片，旋转一周拍摄 24 张图。3 个视角全部拍摄完成共计 72 张图。

全景图像拼接

（三）全景图的后期编辑

全景图拍摄完成后，需要在后期软件中进一步编辑处理。根据旋转拍摄角度设定的不同，以 60° 为例，一个场景的前期拍摄所得照片有 54 张，如果以 30°旋转拍摄，那么一个场景的前期拍摄所得照片共有 108 张。要将众多单独的照片缝合成一张 720°全景图，通常需要通过合成、调色、拼接、补丁几个程序才能完成。

1. 三合一照片合成

采用包围曝光三连拍模式拍摄可以在一个角度拍摄三张不同曝光值的照片，其中增加曝光值的照片能将暗部拍摄清晰，减少曝光值的可以将亮部拍摄清晰。后期编辑首先要将这三张照片合成一张照片，使这张照片的暗部与亮部都能保持清晰的图像（图 5-14）。

正常曝光拍摄的照片

增加曝光拍摄的照片

减少曝光拍摄的照片

三合一合成后的照片

图 5-14　不同曝光值与合成后的照片效果示意

将三种曝光值不同的照片合成一张，我们需要用到软件 Photomatix Pro。Photomatix Pro 是一款能够调节图片曝光度和通过多个曝光源生成 HDRI（高动态范围图像）的软件，它能把多个不同曝光的照片混合成一张照片，并保持高光和阴影区的细节。具体操作如下：

步骤 1：打开 Photomatix Pro 软件，点击“Batch Bracketed Photos”（批量处理多张图像）按钮，弹出对话框（图 5-15）。

步骤 2：勾选“Individual Files”（单个文件），点击“Select Files”（选择文件夹），找到所拍摄的全景图片文件夹，全选所有图片，点击打开按钮将照片导入（图 5-16）。

步骤 3：在 Merge（合并）选项中选择“3”张，每次合并 3 张图片。

步骤 4：在 Destination（目的地）选项栏中，勾选“Subfolder within

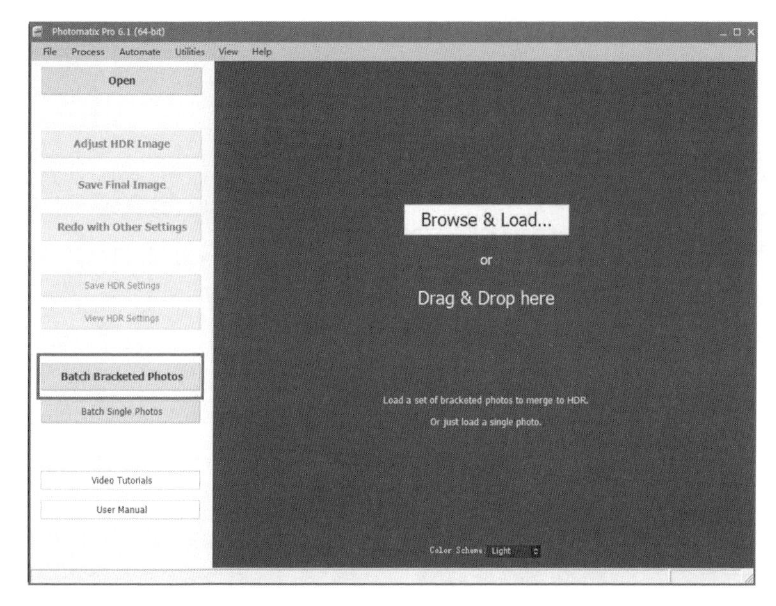

图 5-15　三合一照片合成步骤 1

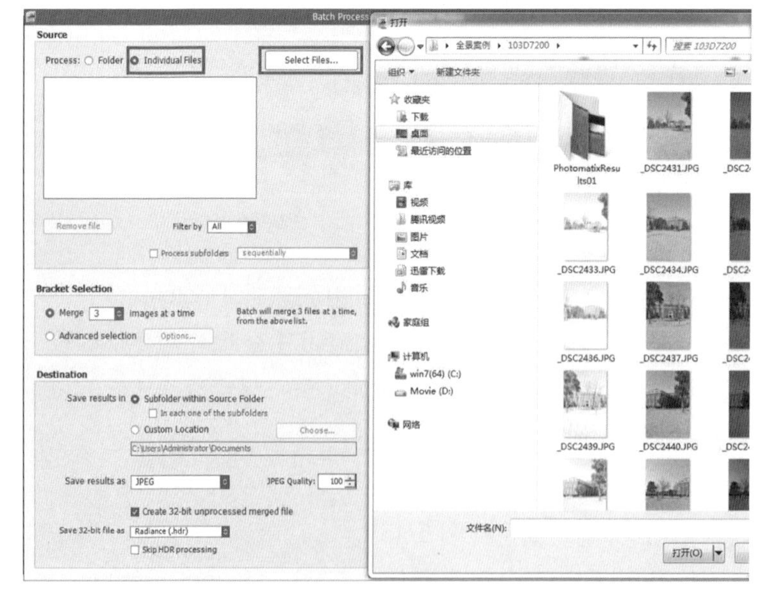

图 5-16　三合一照片合成步骤 2

Source Folder”（源文件中的子文件夹），储存格式为 JPEG 格式，质量为 100%，取消勾选“Create 32-bit unprocessed merged file”（创建 32 位未处理的合并文件）。

步骤5：在 Apply（应用）选项栏的 Preset in category（预设类别）中，选择“Realistic”（真实）和“Natural”（自然），在 Merge（与合并）选项中勾选“Noise Reduction”（降低噪点），在 Finish with（完成）选项中，如果户外拍摄照片对比度较强、清晰度较好的话就不用再设置“Contrast”（对比度）和“Sharpening”（锐化）。设置完上述参数，点击“Run”（运行）（图5-17）。

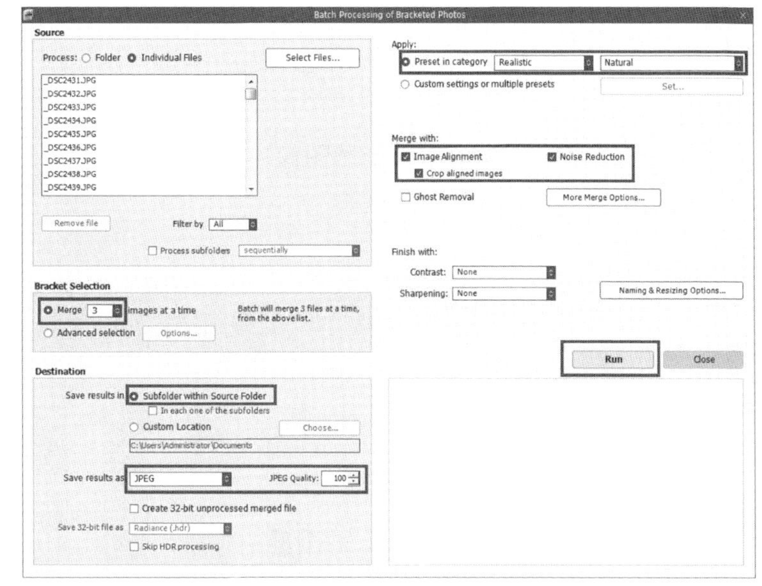

图5-17　三合一照片合成步骤3—5

通过上述操作，完成三个不同曝光值的照片合成，并将合成后的照片储存在一个文件夹中。另外，建议在 Photoshop 或 Lightroom 中对合成照片进行调色，使最终完成的全景图有更好的效果。

2. 全景图像拼接

照片合成并调色完成后需要进行拼接才能形成720°全景图。目前常用的拼接软件有 PTGui Pro。PTGui Pro 是行业领先的照片拼接应用程序，主要针对喜欢拍摄全景、长焦、广角照片的用户，对这类照片进行重新专业修正，支持 HDR 拼接、蒙版、视点矫正，支持创建普通、圆柱及球形全景照。PTGui Pro 程序的拼接原理是通过识别一个固定角度照片在左、右、上、下相邻角度照片中重叠的图像信息后进行自动拼接。如果在前期拍摄时每个角度与左、右、上、下相邻角度照片重叠的范围足够大、重叠部分图像细节足够多，那么拼接就更加简单，效果也更好。反之，如果重叠范围与图像细节都不够，那么软件将无法自动识别，需要手动添加节点进行拼接。

本案例采用的是每 30°角进行拍摄。最终合成完后，水平视角、仰视视角、俯视视角照片各 12 张，一共 36 张。如果以 0°角所拍照片为例来分析，与它左、右、上、下重叠的照片分别是水平视角的 30°、360°角照片，仰视视角的 0°角照片，俯视视角的 0°角照片。

（1）载入图像

打开 PTGui Pro，点击加载图像，找到文件夹，选中所有照片，单击“打开”按钮，导入软件（图 5-18）。

图 5-18 **载入图像**

（2）自动对齐拼接

如果前期拍摄照片质量较高，每个角度照片之间重叠部分的范围与细节都充分，只要点击对齐影像按钮即可自动拼接。完成后点击创建全景，导出全景图（图 5-19）。

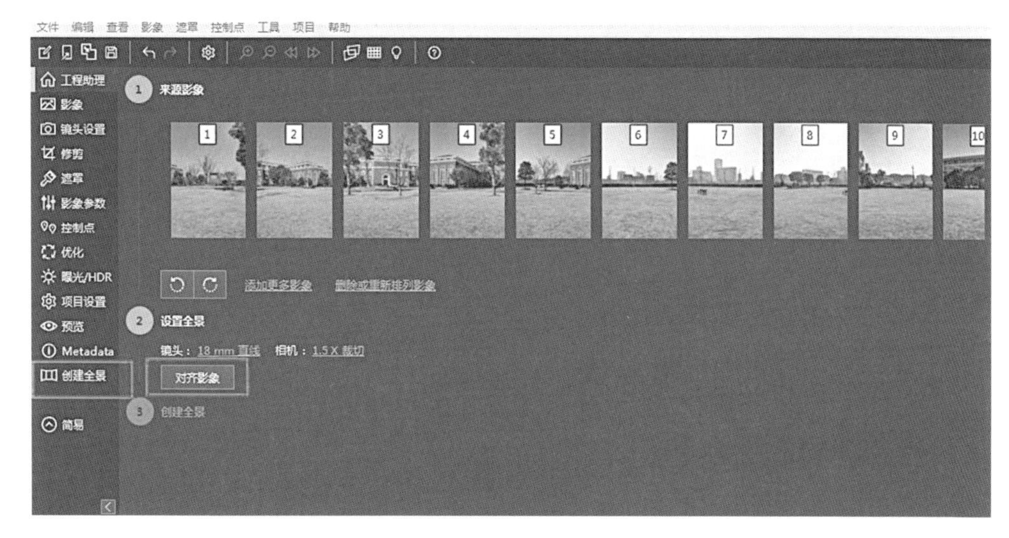

图 5-19 设置自动拼接

（3）手动调整控制点

在很多场景拍摄过程中，拍摄的照片常会出现因每个角度与左、右、上、下相邻角度照片重叠部分图像细节不够的现象，从而导致软件无法准确识别重叠区域，不能自动拼接，如本案例因天空部分较多，缺少细节，这时就需要手动设置控制点，帮助程序识别。具体操作如下：

步骤 1：点击对齐影像按钮后，弹出是否添加控制点对话框，点击确认，进入控制点选项窗口。仍以 0°角所拍照片为例来分析，在左边选项框中单击序列图片中的水平 0°角照片“1”，然后在右边选项框中单击水平 30°角照片“2”，可以看到下方已经自动识别到 25 处重叠信息。这表明系统能将这两张相邻照片自动拼接（图 5-20）。

步骤 2：保持选中左边选项框中的水平 0°角照片“1”，在右边点击选项框中的水平 360°角照片“12”，可以看到也有足够的重叠图像信息被识别（图 5-21），因此，本案例中水平视角的照片能被软件系统自动识别进行拼接。另外，水平 0°角照片“1”与俯视 0°角照片“25”也有足够的重叠信息，这里不再赘述。

图 5-20　手动调整控制点步骤 1

图 5-21　手动调整控制点步骤 2

步骤 3：继续保持选中左边选项框中的水平 0°角照片“1”，在右边点击选项框中的仰视 0°角照片“13”，可以看到图下方两张图片的重叠区域没有控制点被识别。这说明软件系统无法自动将水平与仰视方向的照片拼接起来，需要手动设置（图 5-22）。

图 5-22 **手动调整控制点步骤 3**

步骤 4：手动添加控制点。首先找到两张图片相同的图像信息点，在左边图片“1”上单击增加一个控制点，然后在右边图片“13”上找到相同的对应点后单击，即可完成两张图片重叠处的一个控制点设置。用同样的方法继续添加控制点。控制点越多越好，越准确越好（图 5-23）。

图 5-23　手动调整控制点步骤 4

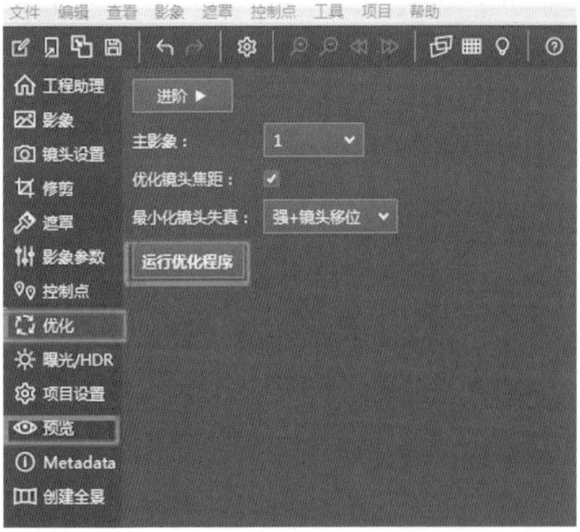

图 5-24　手动调整控制点步骤 5

步骤 5：用同样的方法依次检查每张图片并添加控制点，使每张图片与左、右、上、下的图片均有足够的控制点，完成后点击“优化”进行优化。在创建全景之前还可以点击“预览”，观察是否有明显的问题需要进一步处理（图 5-24）。

步骤 6：确定拼接没有问题后点击“创建全景”，在输出栏中设置图像质量及输出地址等完成全景图拼接（图 5-25）。

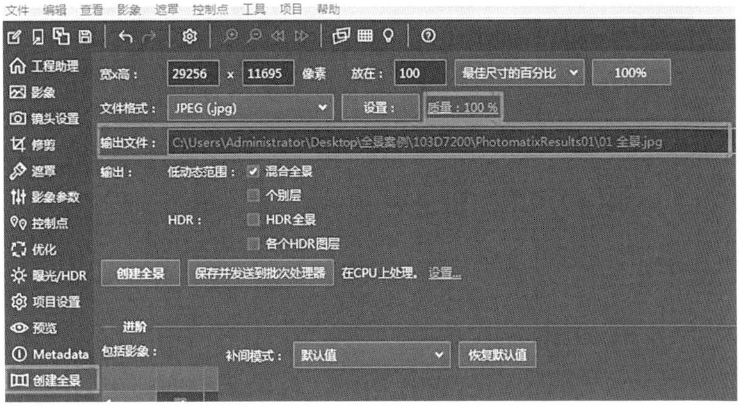

图 5-25　手动调整控制点步骤 6

步骤 7：在 DevalVR 查看器中查看输出的全景图效果（图 5-26）。

图 5-26　手动调整控制点步骤 7

3. 为全景图打补丁

用俯视视角拍摄全景图时通常会拍摄到三脚架，或者为了规避三脚架拍摄时底部通常有漏洞。因此，全景图拼接完成后需要在 Pano2VR 补丁软件中解决三脚架或者漏洞的问题（图 5-27）。

步骤 1：打开补丁软件 Pano2VR pro，将拼接好的全景图拖入 Pano2VR pro（图 5-28）。

图 5-27　打补丁

图 5-28　补丁设置步骤 1

步骤 2：点击“打补丁”，在弹出的对话框中点击“增加”按钮（图 5-29）。

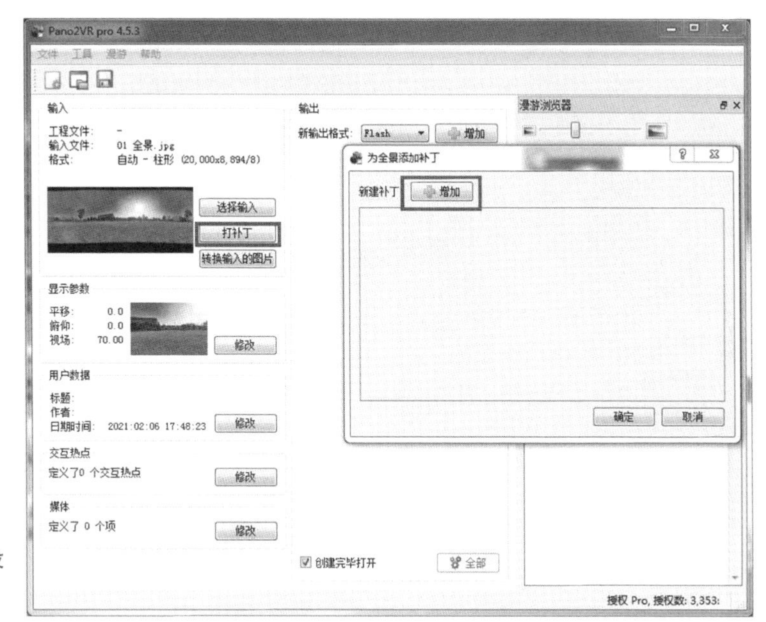

图 5-29　补丁设置步骤 2

步骤 3：将摄影机俯仰设为“-90.0”，滚动鼠标中键，将底部漏洞显示为合适大小，将输出类型设为“图片”，格式为 psd 格式，点击“提取”按钮，软件系统将进行映射并将提取的图片以 psd 格式存入源文件夹（图 5-30）。

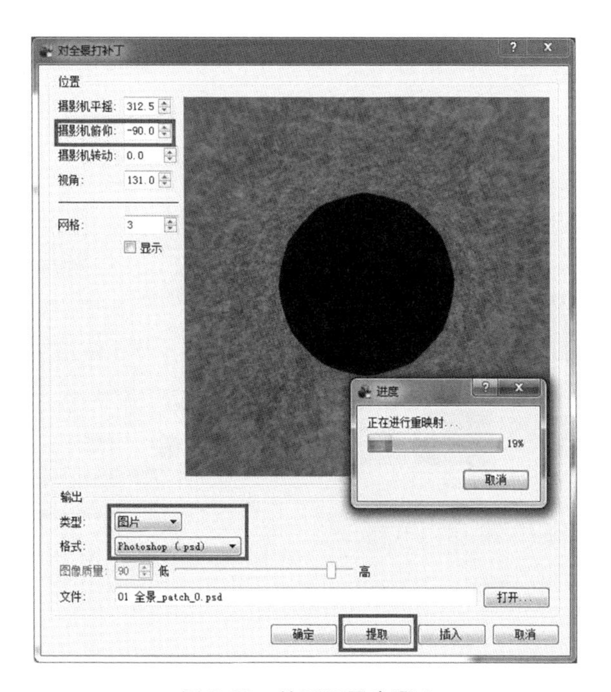

图 5-30　补丁设置步骤 3

步骤 4：打开 Photoshop，将前面提取出来的 psd 文件打开，使用多边形套索工具将漏洞选中，单击右键，选择填充命令，在填充类型中选择“内容识别”，点击

“确定”按钮，完成漏洞补齐（图 5-31）。

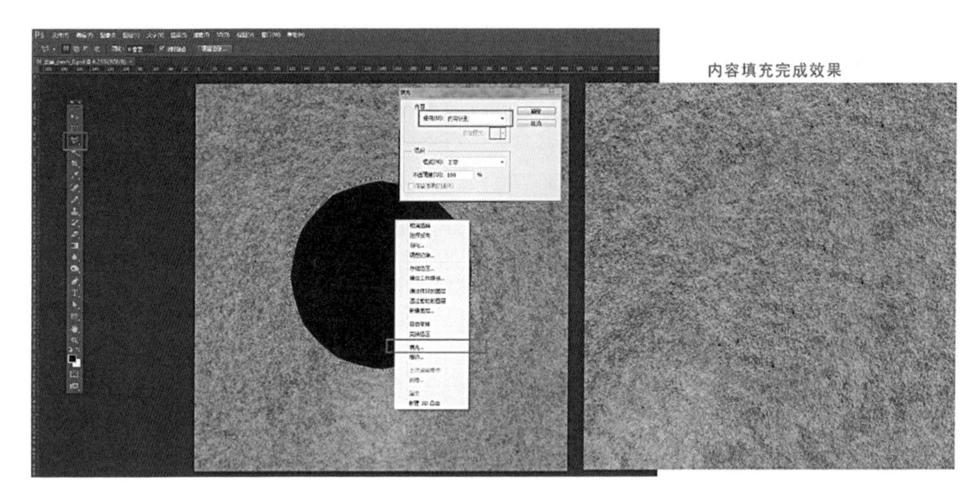

图 5-31　补丁设置步骤 4

步骤 5：返回“为全景添加补丁”对话框，点击“确定”按钮，在弹出的询问对话框中点击“是”，完成底部漏洞的补丁添加（图 5-32）。如果顶部前期拍摄也未拍完整，可以用同样的方法再一次进行打补丁。

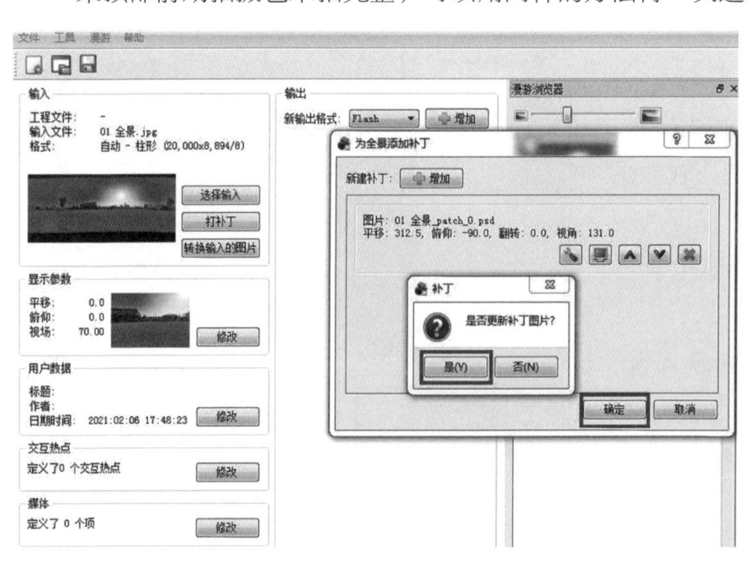

图 5-32　补丁设置步骤 5

步骤6：最后输出补丁完成后的图片。点击“转换输入的图片”，在弹出的“转换全景”对话框类型选项中选择“矩形球面投影”，格式选为JPEG格式，质量选为最高，点击“转换”按钮，完成输出（图5-33）。

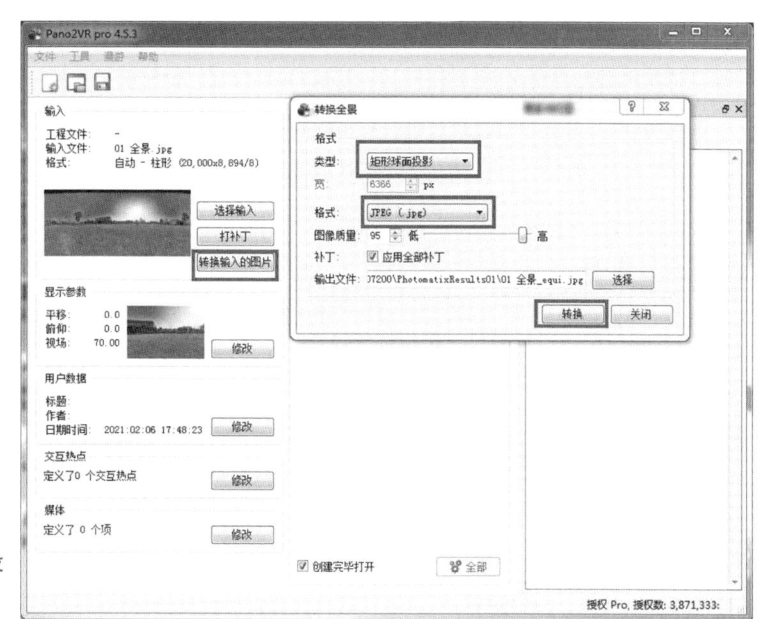

图5-33 补丁设置步骤6

至此全景图的后期编辑全部完成，需要补充的是，如果前期拍摄使用了鱼眼镜头，照片之间重叠范围与细节足够好，那么后期不需要复杂的处理。本书将有可能会出现的问题尽量列出进行讲解，以满足读者更多需求。

（四）VR全景图虚拟展示的线上发布

在移动互联网时代，VR全景展示设计只有将作品在社交媒体端进行分享传播，所设计制作的内容才能发挥其价值，因此，全景图制作完成后需要在VR全景平台线上发布。目前国内的VR全景制作发布平台众多，本案例将介绍如何在“九商VR云”上进行编辑和发布。发布完成后平台将生成二维码或者移动网页链接。作者只需将二维码或者链接推送至微信公众平台，就可以在社交媒体上展示和推广自己所拍摄制作的内容。本节的线上发布环节将以室内场景为例，具体分为以下三个环节。

1. 作品上传

步骤1：登录网站 https://www. jsvry. com/，进入“九商 VR 云”官网完成用户注册。需要注意的是，平台注册用户有免费普通用户与 VIP 付费用户之分。付费用户可以享受更多的功能，比如可为作品添加品牌 LOGO 以增强品牌影响力，可在作品中添加电话号码、链接、导航以便受众联系，还可在场景中嵌入视频使作品更丰富生动等。如果用户不需要更多效果和要求，普通免费版也基本能满足发布要求。登录后，点击网页右上角的“进入工作台”按钮进入发布页面。

步骤2：点击“发布项目”（图 5-34），在弹出的页面中填写标题、分类、作品描述等内容；点击“上传全景图”，将制作好的全景图上传至平台；上传完成后，点击“创建并去编辑”（图 5-35）。

图 5-34 作品上传步骤 1

步骤3：在新的页面中即可看到作品列表，此时点击作品名称便可以在电脑网页中看到全景图展示效果。为了进一步设置交互内容，点击编辑图标，进入 VR 全景工作台（图 5-36）。

图 5-35　作品上传步骤 2

图 5-36　作品上传步骤 3

步骤 4：VR 全景工作台提供了一系列常用交互设置工具。左侧选项中有基本设置、热点、音乐、字幕等功能。用户点击其中一项，页面右侧即显示对应的编辑对话框（图 5-37）。

2. 交互设置

在 VR 全景工作台中，常用交互内容主要包括视角、热点、嵌入内容及字幕等几项，另外，使用者可在实践中自己尝试设置一些基础项目。本案例以一个室内展示场景为对象，介绍上述几种常用交互内容的设置。

（1）初始视角

初始视角指的是用户在移动媒介端打开链接或者识别二维码打开 VR 全景图时所看到的第一个画面，全景平台通常会自动选择一个视角。如果对平台默认选择的视角不满意，我们可以自己选择一个角度和画面作为初

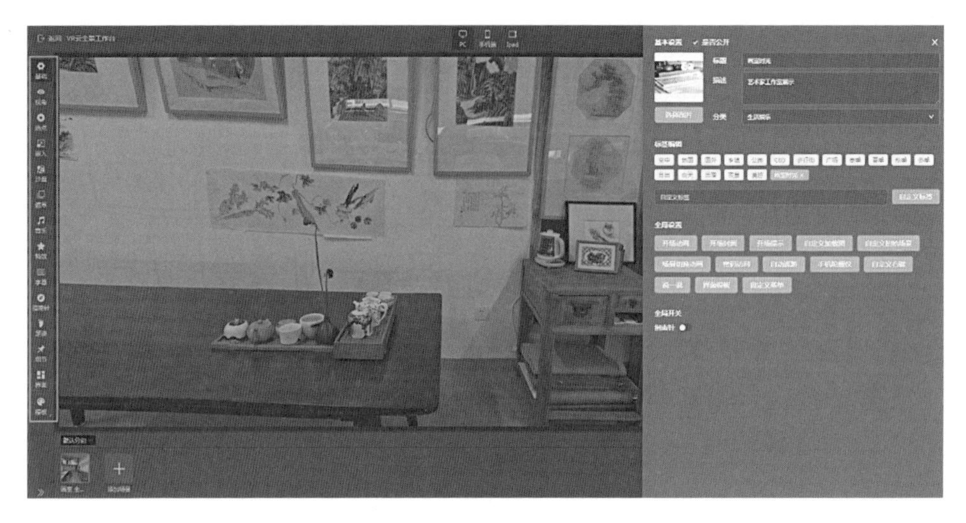

图 5-37　作品上传步骤 4

始视角。具体操作方法：点击左侧“视角”按钮（中间视角框内的图像，即打开全景图时所看到的画面），按住鼠标左键上、下、左、右拖动画面，或者滚动鼠标中键缩放画面，调整至满意视角，点击右上方保存按钮，完成初始视角设置（图 5-38）。

图 5-38　视角设置

（2）热点设置

热点是指在全景图中设置的一个触发点。用户在点击触发点时可以实现场景切换、外部链接、图文介绍、音乐播放等功能。本案例主要向读者介绍图文热点的使用。设置好图文热点后，当用户在热点区域进行触碰时，屏幕上将会弹出图文对此区域做详细介绍。这种方式可以进一步更充分地向用户展示传播主体想要传达的内容。本案例将为一幅作品设置一个热点。当用户在全景图中点击这幅画右下方的热点时，屏幕上将会弹出这幅作品的清晰图，可供用户更清楚地观看作品细节。具体操作如下：

步骤 1：点击左侧“热点”按钮，然后点击“添加”按钮，在按钮样式中单击“雷达 GIF”（此时全景图中便出现雷达 GIF 动画样式的热点图），用鼠标旋转这个热点，按住左键不放，将其拖动至指定作品的右下角，然后在热点类型下拉菜单中选择图文热点（图 5-39）。

图 5-39 热点设置步骤 1

步骤 2：填写热点标题，点击“选择图片”按钮，将作品的原图导入，在文字内容框内可以输入作品的名称、尺寸、时间等详细信息（图 5-40）。

步骤 3：热点设置完成后点击保存，预览效果。在预览窗口中，当我们点击这个热点时，屏幕上即弹出这幅作品的高清图，同时下方会出现这幅作品的文字介绍。使用这个方法，我们可以为工作室场景中的每张作品设置热点，以供用户观看作品的详细内容（图 5-41）。

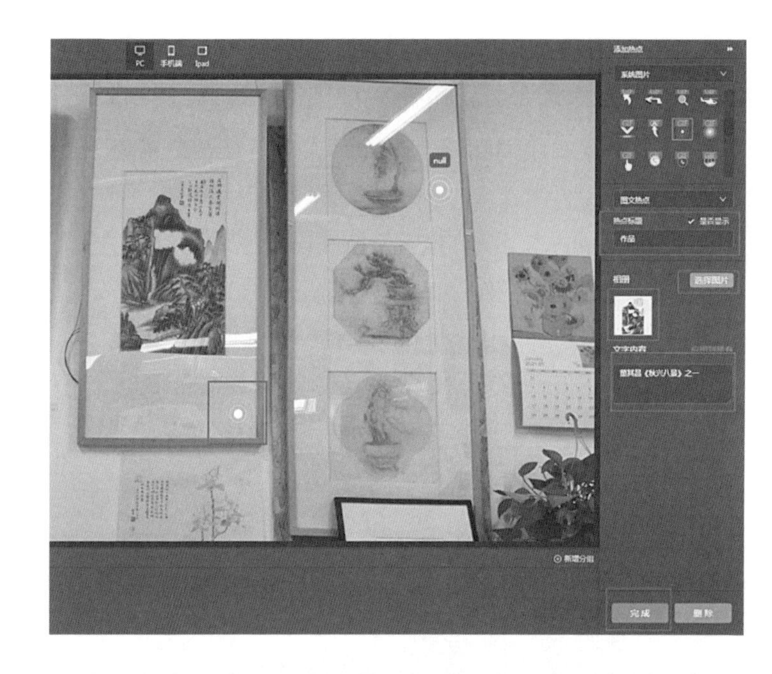

图 5-40 热点设置步骤 2

图 5-41 热点设置步骤 3

（3）嵌入内容

嵌入设置可以在全景图中嵌入文字标题或者动画。嵌入动画只有 VIP 付费用户才能使用。文字嵌入较为简单，本案例不做赘述。

（4）字幕

在全景图中添加字幕可以更充分地介绍作品的信息。点击工作台左侧的字幕选项，在右侧输入文字，设定文字背景色、字体及字号，完成后点击应用（图 5-42）。

图 5-42　字幕输入

3. 发布分享

在各项交互设置都根据需求完成之后，我们就可以发布分享了。分享后屏幕上会弹出作品的二维码与永久链接地址，我们只要将二维码发送到微信，通过微信识别就能观看到作品，并且还可以转发链接，形成自主传播（图 5-43）。

图 5-43　发布分享

第三节　基于 UE4 的实时可视化交互

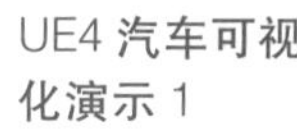

UE4 汽车可视化演示 1

UE4 汽车可视化演示 2

实时可视化交互是虚拟展示的一种表现形式，目前常用的技术是利用游戏引擎将展示对象的三维模型进行实时渲染并设置交互功能，通过 VR、AR 及互联网网页的形式展示，并且可以与用户进行互动。这种可视化交互为用户提供可实时在线任意角度的观看视角，还可以让用户通过鼠标或者头盔、眼镜设备进入场景空间，进行虚拟的沉浸式体验。

一、UE4 交互引擎及其应用介绍

图 5-44　Unreal Engine 软件标识

UE4 全称“Unreal Engine4”，在国内被称作“虚幻引擎 4”（图 5-44），是由 Epic 研发的一款游戏引擎。游戏引擎是一个由多个子系统组合成的复杂结构体，包括动画、渲染、脚本、物理引擎、网络等系统。在目前的游戏引擎行业中，UE4 逐渐占据了大部分全球游戏引擎行业份额，成为游戏行业应用最广泛的工具。UE4 主要针对游戏行业开发而成，目前也广泛应用于影视、建筑环境、AR、VR、高精度模拟及各种可视化设计表现等领域。

UE4 的功能非常强大。从视觉角度来讲，UE4 的实时渲染技术、后期处理，以及材质、动画组建等是视觉设计最为惊叹的功能，尤其是其所见即所得的技术使早期三维设计师摆脱了大量模拟真实世界的渲染工作。从可视化交互效果来看，UE4 的蓝图系统可以使设计师不需要代码就能可视化地制作原型和交互效果。另外，UE4 能为 VR、AR 提供良好的解决方案，能为用户提供更好的沉浸式体验，吸引了大量 VR 游戏开发者的目光。

二、UE4 的实时可视化交互技术详解

本案例将在 UE4 中完整创建一个汽车实时可视化交互系统，用于汽车的内外饰效果展示、在线推广与终端销售。

（一）工程创建

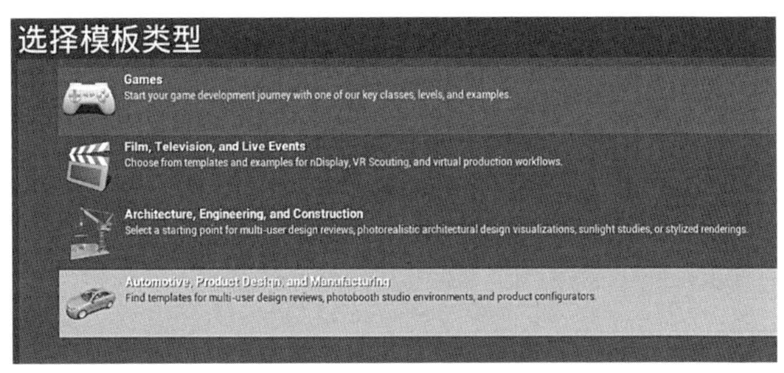

图 5-45　创建工程项目

UE4 在 4.23 的版本之后加入了专门用于汽车、工业设计的通用模板，方便用户快速高效地开始项目。不同类型的模板会有相应的资源提供给用户，并且可以直接使用。需要说明的是，模板只是为了方便用户创作，加速制作流程。在创建好现有模板的情况下，用户还可以在工程目录中导入其他模板（图 5-45）。

（二）数据导入与 Datasmith

作为实时引擎，UE4 中所有使用的资源一般来说都由其他外部软件创建后再导入。因此，需要借助一些文件格式和插件，如 FBX、OBJ 和 Datasmith 插件。

UE4 对大量行业专用 CAD 数据具有良好的兼容性。为了能保证 UE4 从游戏行业顺利进入工业设计领域，Epic 的开发团队很早就意识到工业、汽车和其他各垂直领域的数据复杂性和行业的深度，于是便设计和开发了 Datasmith 作为通用型 CAD 数据的导入接口和数据转换处理工具，提供给所有的行业用户在 UE 内免费使用。Datasmith 设计用于解决非游戏行业（例如建筑、工程、建造、制造、实时培训等行业）人士所面临的独特挑战。他们需要使用虚幻引擎进行实时渲染和可视化。目前，Datasmith 主要是将设计内容转换为虚幻引擎能够理解并实时渲染的形式。从更长远来说，它的目的是增加更加智能的数据准备功能，调整导入的内容，以便在游戏引擎中能够实现最佳运行性能，并增加更为智能的运行行为。

1. Datasmith 的作用

第一，可将整个预先构造好的场景和复杂的组合导入虚幻中。无论这些场景有多大、多密集，均可以厘米为单位，一比一还原场景。按照传统做法，必须解构场景和组合件，形成独立的数据块，然后将每个数据块通过 FBX 文件单独传递到游戏引擎，再在虚幻编辑器中重新组合场景，但 Datasmith 不会这样，它会复用设计师在其他设计工具中为了其他目的而已经构建好的资源和布局。

第二，支持尽可能广泛的 3D 设计应用程序和文件格式。Datasmith 已经能够适用于许多不同的来源，包括 Autodesk 3ds Max、Cinema 4D、Trimble Sketchup 等三维设计软件及它们的各种版本。

2. Datasmith 工作流程

第一，Datasmith 能够读取许多常见 CAD 应用程序的原生文件格式。某些应用程序，包括 3ds Max 和 SketchUp Pro，需要在软件内部安装单独的插件，然后使用该插件导出具有“*udatasmith*”扩展名的文件。

第二，在虚幻编辑器中，使用 Datasmith 导入工具将保存或导出的文件导入到当前虚幻引擎项目中。用户可以控制想要从该文件导入哪些数据，并设置一个新参数来控制转换流程（图 5-46）。

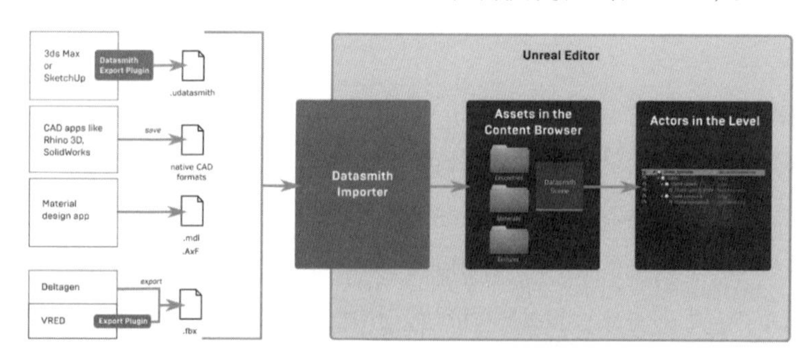

图 5-46　Datasmith 工作流程

Datasmith 会避免将源场景中的所有内容在虚幻中构建为一个网格体。过大且复杂的网格体通常难以流畅地进行照明和渲染，并且无法在虚幻中单独处理场景的各个部分。因此，Datasmith 会创建一组单独的静态网格体资源，每个代表场景的一个构建块：一个独立的静态网格体，可以放置到关卡中并在引擎中渲染。在将场景划分为静态网格体时，Datasmith 会尽量保持用户已经在原来 3D 软件中设置好的对象组织结构。如图 5-47 所示，Datasmith 将所有静态网格体资源放入 Geometries 的文件夹。

图 5-47　内容浏览器

（三）汽车蓝图类的创建

本书将通过创建蓝图类的方式，将汽车的各部件置入控制汽车的蓝图中，最终在其内部编写蓝图节点。

1. 资源整理

通过 Datasmith 或 fbx 格式将资源导入内容浏览器后，创建子集文件夹并命名。导入后的资源既包括三维模型，又包括原始建模软件中创建过的材质，有时候还会有链接过的贴图文件。因此，创建文件夹把外部素材归类，便于资源的管理。

2. 创建 Actor 蓝图类

点击蓝图菜单，新建 Actor 蓝图类（图 5-48），并命名为 Vehicle_BP。

3. 为汽车蓝图加载静态网格体组件

选择内容浏览器中所有汽车的模型部件，把鼠标拖曳至 Vehicle_BP 的组件中（图 5-49）。至此，汽车蓝图的模型就全部载入蓝图内部了。

图 5-48　创建 Actor 蓝图类

图 5-49　加载静态网格体组件

（四）增加汽车材质

虚幻引擎官方提供的免费汽车材质包，提供了从车漆到轮胎、挡风玻璃及车内部饰品的材质，可以满足车辆材质的基本需求。用户只需要将材质包下载至目录，经过简单调整就可直接用于项目中（图 5-50）。

图 5-50 虚幻引擎官方汽车材质包

筛选完车辆各部分的材质之后，就可以直接加载至车辆蓝图中了。打开 Vehicle_BP，分别选择各静态网格体组件，再至材质面板中，为各元素部分选择对应的材质球（图 5-51）。需要注意的是，静态网格体材质中各元素的分配是由原始三维建模软件完成的。

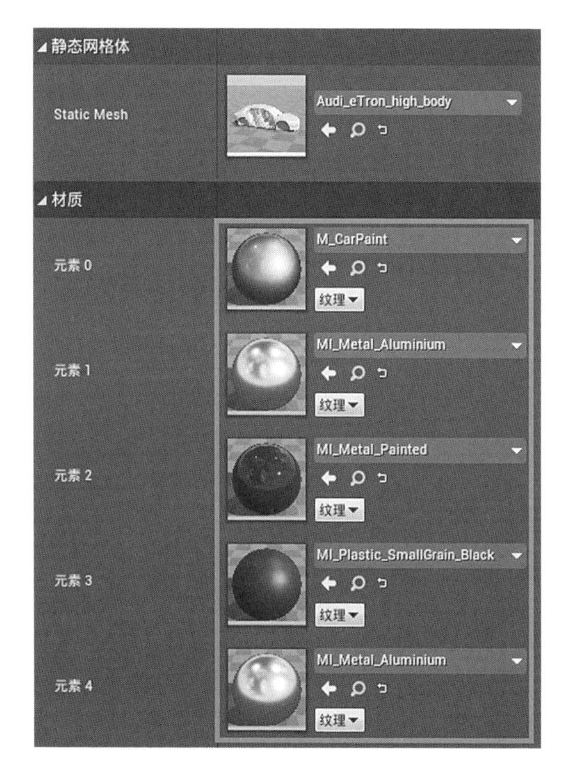

图 5-51 添加材质步骤

（五）创建控制器

新建蓝图类别选择 Pawn 选项（图 5-52）。Pawn 是一种可以被用户控制的蓝图类组件。用户可在 Pawn 内部创建摄像机，接收用户的移动、选择、缩放视角等操作指令。

步骤 1：进入创建的 Pawn，在组件内添加摄像机与弹簧臂，使其能够多角度变换视角。在 Pawn 蓝图的事件图表中，首先添加鼠标的控制。右键依次输入 Turn 和 LookUp，获取轴向输入节点，然后增加 Yaw 与 Pitch 两个控制器输入节点（图 5-53）。

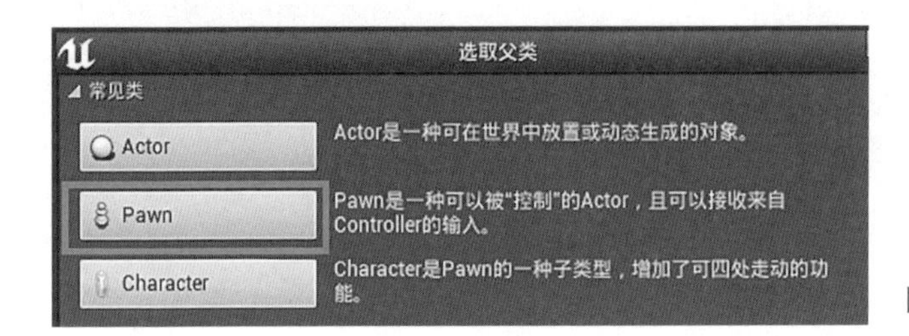

图 5-52　创建蓝图类

步骤 2：增加鼠标滚轮的控制，使用户能滑动滚轮控制摄像机视角的推拉缩放（图 5-54）。

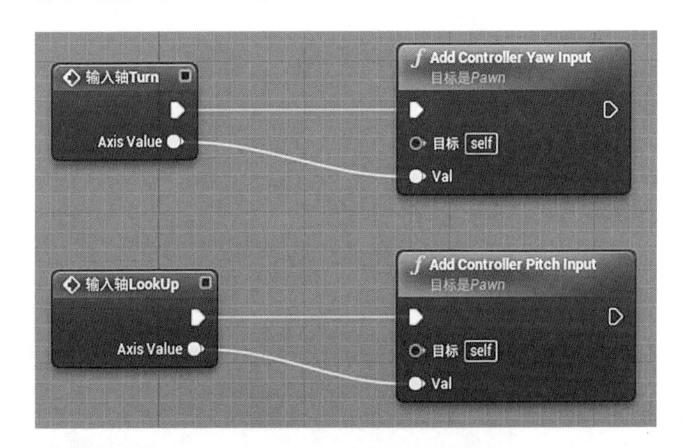

图 5-53　控制器创建步骤 1

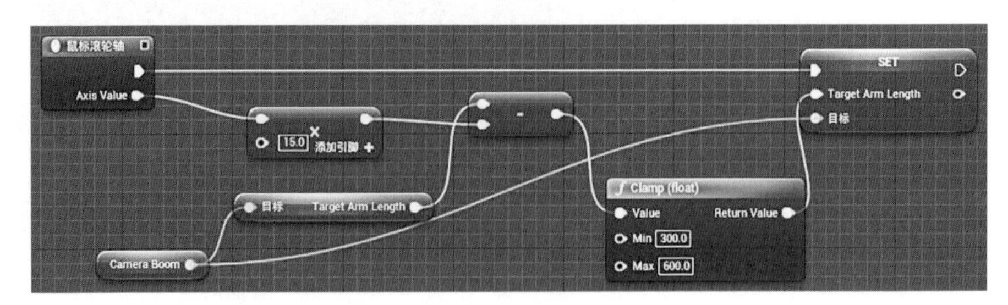

图 5-54　控制器创建步骤 2

（六）汽车交互功能

汽车的交互功能主要在汽车蓝图内部进行编写，包括开关车门与车灯、更换车漆颜色与内饰、视角的切换、数据展示等功能。

1. 点击开、关车门

步骤 1：打开 Vehicle_BP，在组件列表中选择车门的静态网格体，为其添加“点击事件”（图 5-55）。

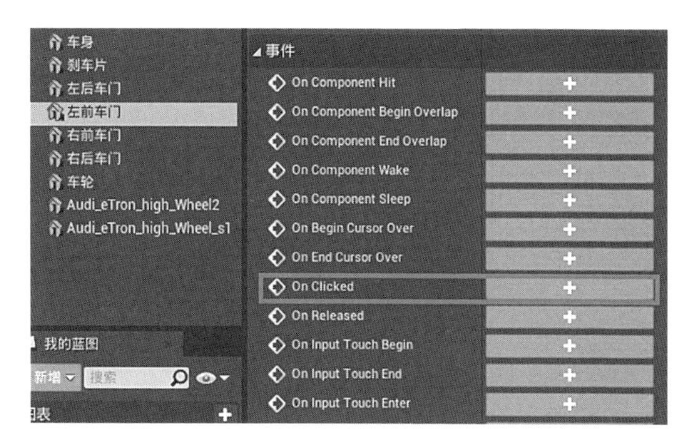

图 5-55　添加鼠标点击事件

步骤 2：在事件图表中，首先为其添加 Enable Input 节点，使其能够接受控制器输入。然后接入 FlipFlop 节点，使后续节点能够交替执行。再加入时间轴节点，为其添加时间。最后添加设置相对旋转节点，并将车门的引用连接至“目标”（图 5-56）。

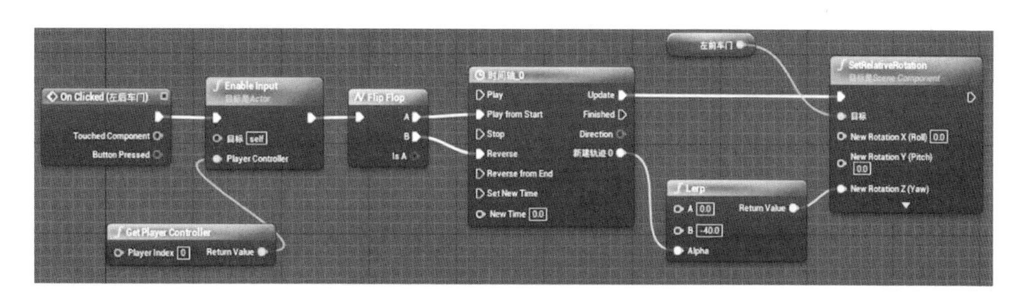

图 5-56　开、关车门的节点连接

步骤 3：节点连接完成后，点击“编译”，再“运行”场景。尝试用鼠标左键点击场景中的车门，车门可实现开、关的效果。

2. 变体管理器的应用

Variant Manager（变体管理器）是虚幻编辑器中的特殊 UI 面板，可用于设置关卡中 Actor 的多个不同配置。它的出现可以让用户在没有掌握蓝图可视化编程的前提下，简洁高效地制作出设计阶段所需的各种效果，比如变换颜色，零件变更，表现产品设计的动态效果等，帮助用户完美表达出产品的设计语言。要使用变体管理器，须启用项目的编辑器

(Editor)、变体管理器（Variant Manager）插件。若使用建筑、工程和施工或自动化、产品设计和制造类别中的模板，此插件可能已默认启用。

（1）更换颜色

步骤1：在变体管理器左侧面板中，新建变体集，命名为车漆颜色，并为其添加三个子变体，命名为红色、蓝色和白色。再选中变体“车漆颜色”，在右侧Properties面板为其绑定Actor，将Vehicle_BP载入（图5-57）。

图5-57　变体管理器设置1

步骤2：先选择“红色”子变体，为其绑定的Vehicle_BP添加属性，分别为其添加车门材质对应的元素编号（图5-58）。然后为其赋值，即选定预先载入场景的车漆的材质。

图5-58　变体管理器设置2

完成上述步骤之后，在变体管理器中点击子变体“红色”，场景中的车辆即会切换到相对应的材质。

（2）更换轮胎

在变体管理器中，通过设置轮胎的可见性，可以实现不同轮胎的切换。

步骤1：将预先导入的轮胎模型全部载入Vehicle_BP的组件中。

步骤 2：新建变体集，命名为“轮胎”，并根据需要变换的数量为其添加子变体。在 Properties 面板中为其绑定 Actor，将 Vehicle_BP 载入（图 5-59）。

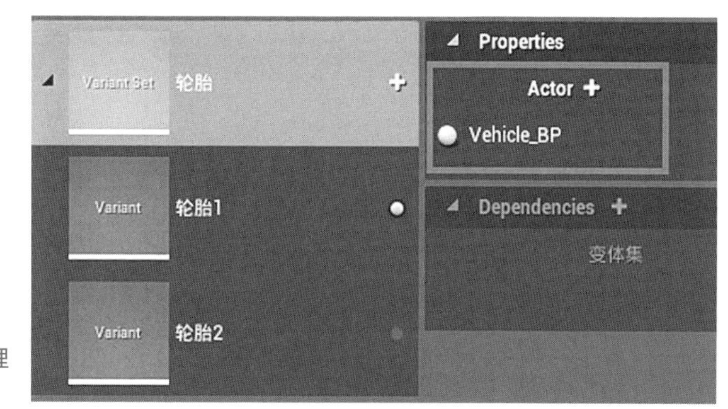

图 5-59　变体管理器设置 3

步骤 3：为绑定的 Vehicle_BP 添加属性（图 5-60），分别添加轮胎 1 与轮胎 2 的可见性（Visible），并勾选轮胎 1，不勾选轮胎 2。

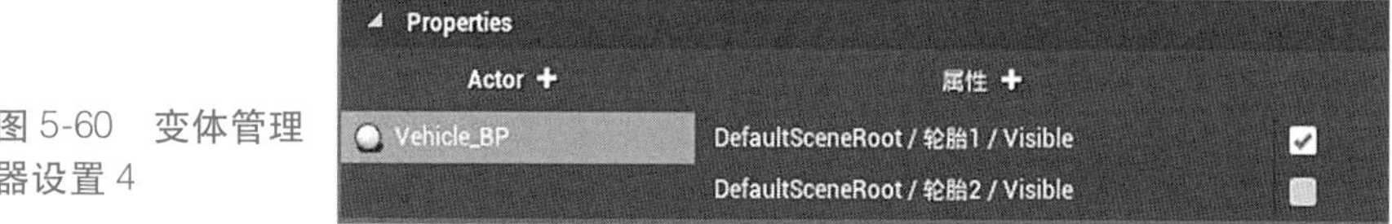

图 5-60　变体管理器设置 4

完成上述步骤之后，分别点击变体管理器中的子变体“轮胎 1”与“轮胎 2”，可实现轮胎的切换。

（3）开、关车灯

步骤 1：在 Vehicle_BP 的组件中添加 2 个聚光灯，并置于前车灯的位置；在细节面板中，更改强度值为 5 000，并关闭渲染可见。

步骤 2：在变体管理器中创建变体“车灯”和子变体“打开”“关闭”。

步骤 3：为绑定的 Vehicle_BP 添加属性（图 5-61），分别为“打开”与“关闭”添加聚光灯的可见性（Visible），并勾选“打开”的 Visible，不勾选“关闭”的 Visible。

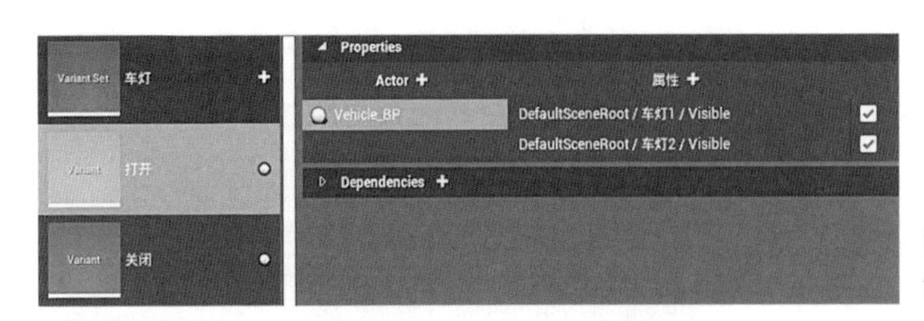

图 5-61 变体管理器设置

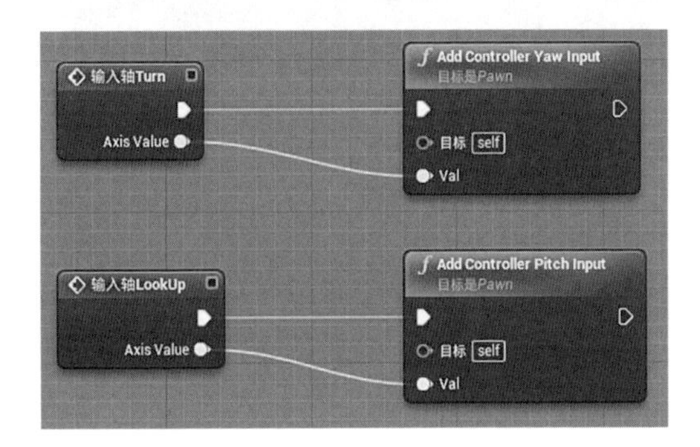

图 5-62 控制器创建步骤 1

3. 内、外视角切换

（1）创建车内控制器

创建 Pawn 蓝图类，并置于汽车内部中心位置。与车外的控制器一样，为其组件内添加摄像机与弹簧臂，使其能够自由变换视角。在事件图表中，添加鼠标左键的旋转视角与鼠标滚轮的缩放视角（图 5-62、图 5-63）。

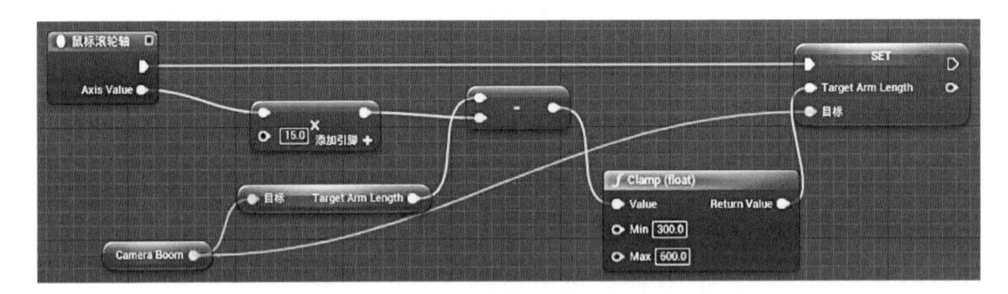

图 5-63 控制器创建步骤 2

（2）控制权的切换

通过控制权的切换，用户可在车辆外部和内部对车辆进行控制。通过 UI 菜单按键，第一次执行时，摄像机从外部控制器切换至内部控制器，再次执行时则重新切换至外部。首先，创建自定义事件 SwitchCamera，连接至 Flip Flop 节点；然后创建 Set View Target with Blend 节点，使内、外控制器产生过渡，设置 Blend Time 为 1. 5 秒；再设置延迟 1. 5 秒后，创建 Possess 获取新的控制权（图 5-64）。

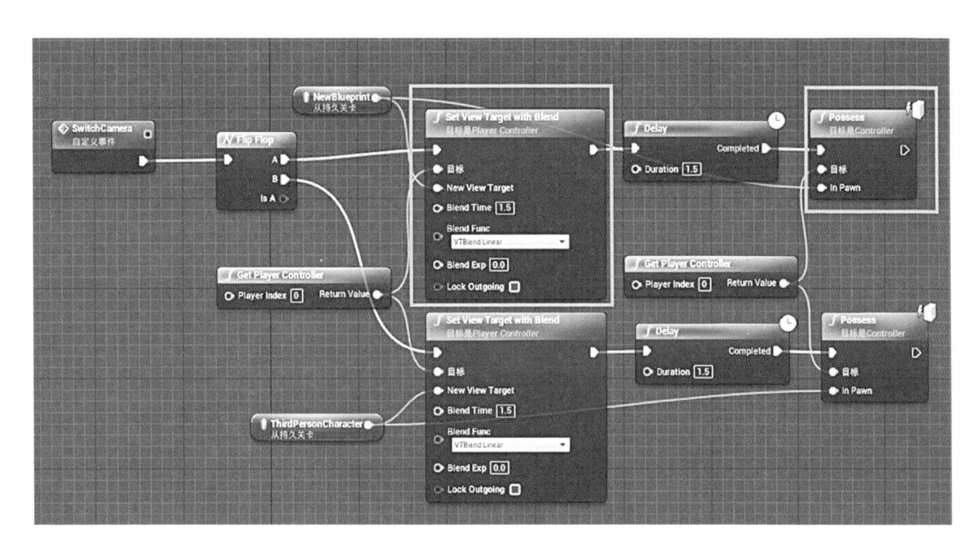

图 5-64　控制权切换

（七）用户界面的创建

虚幻图形界面设计器（UMG）是一个可视化的 UI 创作工具，可以用来创建 UI 元素，如菜单或希望呈现给用户的其他界面相关图形。UMG 的核心是控件。这些控件是一系列预先制作的函数，可用于构建界面（如按钮、复选框、滑块、进度条等）。这些控件在专门的控件蓝图中编辑。该蓝图使用两个选项卡进行构造：设计器（Designer）选项卡进行界面和基本函数的可视化布局，而图表（Graph）选项卡提供所使用控件背后的功能。本例将为交互事件创建按钮及图形界面菜单。

步骤 1：单击内容浏览器（Content Browser）中的新增（Add New）按钮，然后在用户界面（User Interface）下选择控件蓝图（Widget Blueprint）并将其命名为 HUD（图 5-65）。用同样的方式创建控件蓝图并将其命名为“颜色选择”。

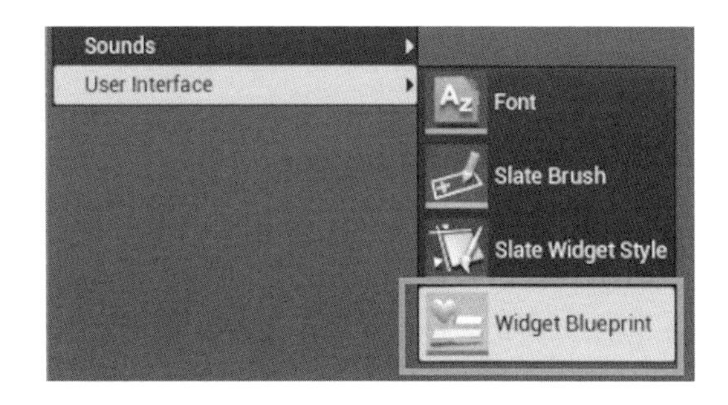

图 5-65　创建用户界面

将创建的所有用户界面元

素（HUD、菜单等）放置在控件蓝图中。控件蓝图允许用户以可视化方式对 UI 元素进行布局，并为这些元素提供脚本化功能。

步骤 2：打开“HUD”，在控制板中，创建按键（Button），并置于视图的合适位置，再为按键命名为“颜色”。在事件图表中，输入事件 Construct 节点，依次连接“创建控件”“添加到视口”（图 5-66）。

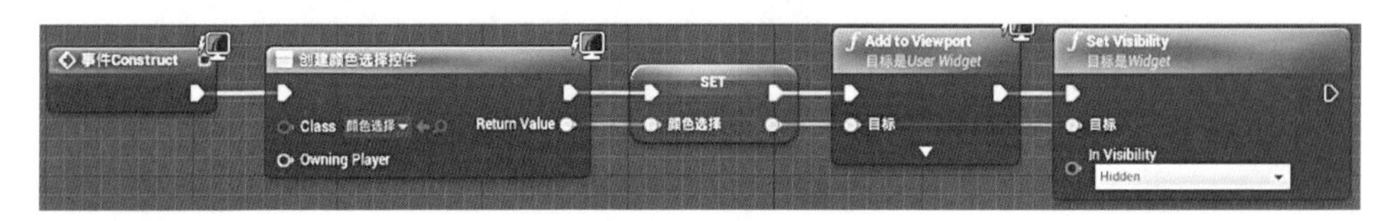

图 5-66　添加至视图

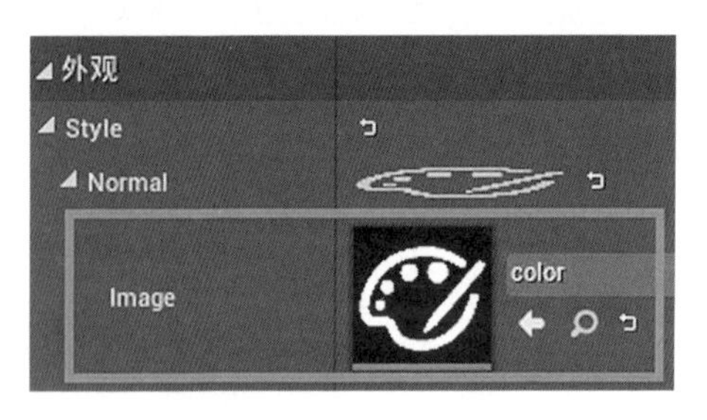

图 5-67　添加点击图标

步骤 3：在细节（Detail）面板的外观（Appearance）中，将“图像”进行替换，载入预先导入的颜色图标（图 5-67）。

步骤 4：为“HUD”添加鼠标点击事件。进入“图表”界面，为控件“颜色选择”创建引用变量。用鼠标点击事件连接（图 5-68），设置颜色切换界面的打开与关闭。

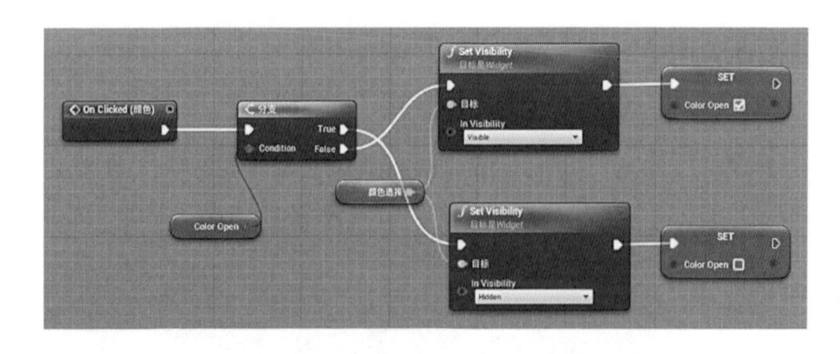

图 5-68　设置图标可见性

步骤 5：在控件蓝图“颜色选择”中创建三个按钮，分别命名为“红色”“蓝色”“白色”；分别在“外观”“图像”中载入相应的三张图片（图 5-69）。

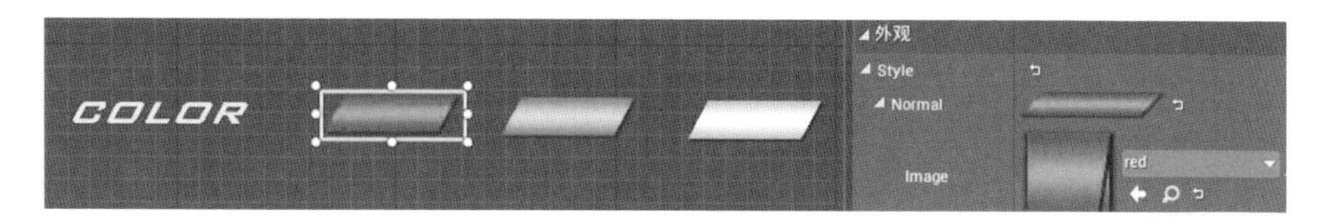

图 5-69　设置按键图标

步骤 6：进入事件图表，为“红色”按键添加鼠标点击，为其连接至按命名切换变体（Switch on Variant by Name）。Variant Set Name 为“车漆颜色”，Variant Name 为“红色”（图 5-70）。输入的名称必须与变体管理器中变体的名称一致。

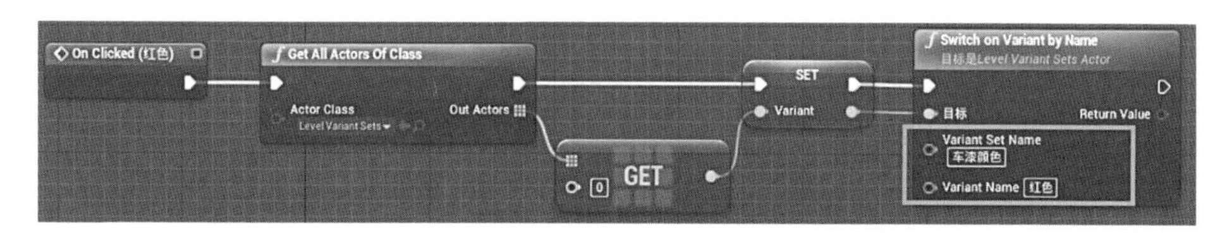

图 5-70　添加变体管理器

步骤 7：将已经创建好的变体管理器拖入场景空白处后，点击“运行”。此时，屏幕上会显示之前加载的颜色图标。鼠标点击后，屏幕上会弹出颜色选择界面。点击“红色”图标，场景中的汽车车漆将自动切换至红色（图 5-71）。

图 5-71　运行画面

（八）视觉设置

1. 照明

场景的照明方式一般分为灯光直接照明和 HDR（高动态范围）环境照明两种。本案例中将主要使用环境照明的方式。

将 HDR 图像用作背景，能在视觉丰富的情境下最为有效地展示模型。将 HDR 图像用作产品可视化背景的关键优势在于设置相对较快、可自定义，同时能获得精美的光照和反射。但仅将 HDR 图像用作背景还不够。为实现合理效果，在 HDR 图像环境中需结合背景平面捕捉阴影。当物体被照亮时，阴影将投射到此平面，从而在可视化放置物体和背景之间创造一致性。

步骤 1：启用 HDRI 背景。在使用此资产前，需要先为项目启用 HDRI 背景插件。在虚幻编辑器中打开项目，在主菜单中选择编辑→插件。在渲染目录下找到“HDRIBackdrop”插件并勾选启用（图 5-72）。

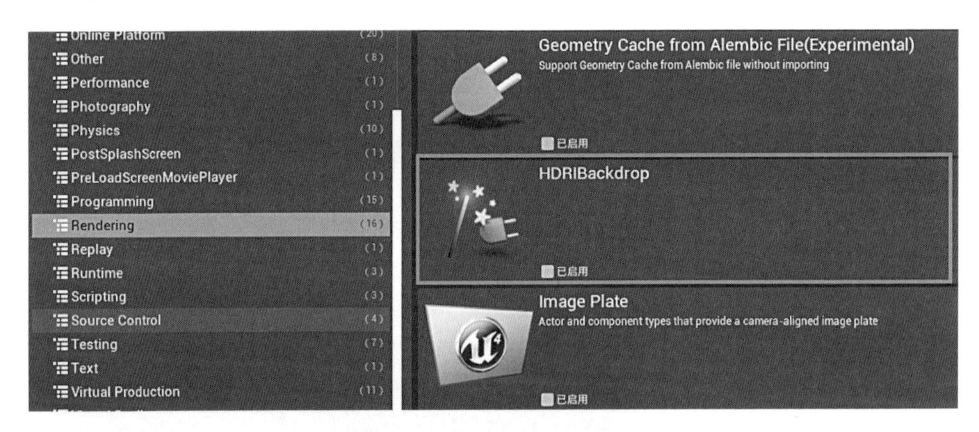

图 5-72　添加 HDRI 天空插件

图 5-73　HDRI 场景

步骤 2：置入场景。在放置 Actor（Place Actors）面板的照明（Lights）下，点击并将 HDRI 背景（HDRI Backdrop）资产拖入关卡视口，效果如图 5-73 所示。

2. 环境反射

虚幻引擎中的环境反射功能为场景的每个区域

提供有效环境和反射效果。汽车车漆、玻璃等诸多材质都依赖环境反射。其针对的目标是PC端和高性能的游戏主机，因此，运行速度极快。虚幻引擎能够支持动态对象或尖锐反射，但需要额外的内存消耗。

步骤1：在场景中构建环境反射，需要在场景中添加光源，因为显示反射环境需要一些间接漫反射光照。

步骤2：在视觉效果（Visual Effects）选项卡的放置Actor（Place Actors）面板中选择并将一个球体反射采集Actor拖入关卡，并确保汽车模型在采集盒子的范围内。

步骤3：在构建菜单中选择“编译反射捕获”，此时便会对环境进行计算。车漆、玻璃等表面有光泽的材质就能反射到HDRI环境中的内容。

（九）平台发布

在项目完成之后，必须先对整个虚幻引擎项目进行打包，将其整合为EXE可执行文件，才能将其发布给用户。打包能确保所有代码和内容都为最新且使用正确格式，以便在预期的目标平台上运行。打包过程会涉及以下几个步骤。首先，所有项目特定的源代码会被编译。代码编译完成后，所有所需的内容都会被转化或者烘焙成目标平台可以使用的格式。然后，编译后的代码和经过烘焙的内容将被打包成一组可发布的文件，例如安装程序。

1. 设置地图模式

首先，需要设置默认地图（图5-74）。打包好的项目会在启动时首先加载这张地图。假如没有设置地图，并且使用的是空白项目，那么打包好的游戏在启动时只会显示一片漆黑。在编辑器的主菜单栏中点击“编辑”（Edit）—“项目设置”（Project Settings）—“地图和模式”（Maps & Modes）。

2. 创建打包文件

若要为特定平台打包项目，请在编辑器的主菜单栏中点击“文件”（File）—“打包项目”（Package Project）—“平台名称”（Platform-Name），然后会看到一个提示选择目标路径的对话框。如果成功完成打包，则此目录将保存打包的项目。

图 5-74　设置默认地图

确认完目标路径后，就可以开始为所选平台打包项目了。由于打包非常耗时，因此，整个过程会在后台执行，我们可以继续使用编辑器。编辑器右下角会显示一个状态指示器，提示打包进度。

状态指示器还有一个“取消（Cancel）”按钮，用于停止打包过程。此外，“显示日志（Show Log）”链接可以用来显示额外的输出日志信息。假如用户想找出打包的失败原因，或者捕捉可能揭示潜在漏洞的警告信息，这些日志将会非常有用。一些最重要的日志消息，例如错误和警告消息，都会输出到常规的消息日志（Message Log）窗口中（图 5-75）。

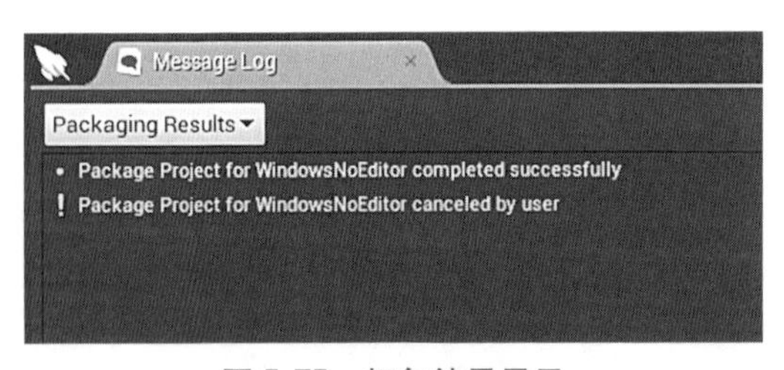

图 5-75　打包结果显示

3. 发布

虚幻引擎可以将项目发布在 Windows、iOS 和 Android 平台上。Windows 平台可使用发行模式直接打包发布。

对于 iOS 平台，用户需要在 Apple 的开发人员网站上创建发布证书（Distribution Certificate）和移动设备配置（MobileProvision），以安装开发证书的方式安装发布证书，并以“Distro_”为前缀命名发布配置，紧接着命名另一个配置（因此将同时拥有 Distro_MyProject. mobileprovision 和 MyProject. mobileprovision）。

对于 Android 平台，用户需要创建一个密钥来签署 . apk 文件，并使用名为 SigningConfig. xml 的文件向编译工具传递一些信息。该文件位于引擎的安装目录（Engine/Build/Android/Java/）中。

最后展示效果如图 5-76、图 5-77、图 5-78 所示，用户可以转换任意角度观看。左侧为用户选项。在选项列表中，用户可以选择汽车的颜色类型、轮胎类型、车灯开启与关闭、车门开启与关闭、汽车所处环境、进入车内空间等选项，汽车观察视角则根据用户的选择而改变。

图 5-76　效果展示 1

图 5-77　效果展示 2

图 5-77　效果展示 3

参考文献

[1] 尼古拉斯·盖恩，戴维·比尔. 新媒介：关键概念 [M]. 刘君，周竞男，译. 上海：复旦大学出版社，2015.

[2] 诺布尔. 交互式程序设计 [M]. 2 版. 毛顺兵，张婷婷，陈宇，等，译. 北京：机械工业出版社，2014.

[3] 唐纳德·A. 诺曼. 设计心理学 3：情感化设计 [M]. 2 版. 何笑梅，欧秋杏，译. 北京：中信出版社，2015.

[4] 艾伦·库伯. 交互设计之路：让高科技产品回归人性 [M]. 丁全钢，译. 北京：电子工业出版社，2006.

[5] 傅小贞，胡甲超，郑元拢. 移动设计 [M]. 北京：电子工业出版社，2013.

[6] 杰西·詹姆斯·加勒特. 用户体验要素：以用户为中心的产品设计 [M]. 范晓燕，译. 北京：机械工业出版社，2019.

[7] 艾伦·库伯，罗伯特·莱曼，戴维·克罗宁，等. About Face 4：交互设计精髓 [M]. 倪卫国，刘松涛，薛菲，等，译. 北京：电子工业出版社，2020.

[8] 尼尔. 移动应用 UI 设计模式 [M]. 2 版. 田原，译. 北京：人民邮电出版社，2015.

[9] 腾讯公司用户研究与体验设计部. 在你身边，为你设计 II：腾讯的移动用户体验设计之道 [M]. 北京：电子工业出版社，2016.

[10] 原研哉. 设计中的设计 [M]. 纪江红，朱锷，译. 桂林：广西师范大学出版社，2017.